U0313133

NETWORKED INTEGRATED INFORMATION
AGRICULTURE MODEL

网络化的融合信息
农业模式

王人潮　丁　菡◎著

ZHEJIANG UNIVERSITY PRESS
浙江大学出版社
·杭州·

图书在版编目（CIP）数据

网络化的融合信息农业模式 / 王人潮，丁菡著. --
杭州 ：浙江大学出版社，2024.8
ISBN 978-7-308-24752-8

Ⅰ．①网… Ⅱ．①王… ②丁… Ⅲ．①信息技术一应
用一农业技术 Ⅳ．①S126

中国国家版本馆CIP数据核字(2024)第060208号

网络化的融合信息农业模式

王人潮　丁　菡　著

策划编辑	吴伟伟	
责任编辑	金　璐	
责任校对	葛　超	
封面设计	雷建军	
出版发行	浙江大学出版社	
	（杭州市天目山路148号　　邮政编码 310007）	
	（网址：http://www.zjupress.com）	
排　　版	杭州林智广告有限公司	
印　　刷	广东虎彩云印刷有限公司绍兴分公司	
开　　本	787mm×1092mm　1/16	
印　　张	10.75	
字　　数	120千	
版 印 次	2024年8月第1版　2024年8月第1次印刷	
书　　号	ISBN 978-7-308-24752-8	
定　　价	68.00元	

自　序

　　本书系统阐述了我与科技团队 60 多年的科教成果、经验与教训，在分析总结我国现代农业产业特征的基础上，比较完整地提出了我国农业在国民经济建设中存在的短板。期望本书的出版能为加快转变农业发展方式、创新农业技术贡献力量，促进我国农业走出"新型农业现代化道路"和"现代农业发展道路"。

　　1931 年 5 月，我出生在浙江省金华市东阳半山区的农村，6 岁上小学，开始学种田（插秧），9 岁上山砍柴，12 岁辍学两次，小学毕业后，再次辍学务农 3 年，其间深受战乱之苦。我开始认识到有国才有家，萌发了爱国主义思想。1945 年，抗日战争取得胜利，我进入县立初中学习，寒暑假和周日参加劳动，初中毕业后再次务农。我对农业劳动的艰苦劳累、农业收入的不稳定、农民的艰苦生活，有了深刻的体会。1949 年，我开始从事小学教育工作。虽然我未经职业技能培训，在工作中遇到了种种困难，但其间我的工作能力得到了提升，并且感受到了工作带来的愉悦。1952 年，新中国建设需要大量的技术人才，国家采用"同等学力考试"的方式扩大生源。我因此离职来到杭州，经考试后，被核定为高二文化程度，保送进杭州宗文中学，于 1953 年高中毕业。我立志学农，以第一志愿考取南京农学院（现南京农业大学）宏观性较强的土壤与农业化学专业。党和新中国给了我进大学深造的机会，我一直牢记学农为农的使命。

经过 4 年农业高等教育和系统的政治思想教育，我形成了为人民服务，特别是为农业服务的思想。1954 年，在校团委书记的支持下我加入共青团，并产生入党的愿望。1957 年，我被分配到浙江省农业科学研究所，从事密切联系农业生产的科技工作，并在低产田改良研究方面取得很大成绩，开拓了磷肥产业，推动了浙江省低产田改良运动，红壤改良利用研究也取得成绩，创办了浙江省农业科学研究所红壤改良利用试验站并任站长。当我看到广大农民因采用科技成果，大幅度甚至成倍增产而欢欣鼓舞时，我感受到了从事农业科技工作带给我的成就感。1960 年，浙江省农业科学研究所升格为浙江省农业科学院，并与浙江农业大学合并办学（院）。我担任土肥所土壤研究室主任，还承担土壤教研室面向全校开设的普通土壤学和土壤肥料学课程的教学任务。1965 年，我因熟悉农业生产，教学效果较好，被调到浙江农业大学任教，从事联系农业生产的教学和科研工作。除了畜牧系，我在浙江农业大学其他专业讲授有关土壤、肥料等的课程，每年带领学生下乡开展教学生产等实习和农业农村调查。我曾经为全校 20 多个不同专业的农技培训班编写过有关土壤、肥料、应用化学（农）、高新技术在农业中的应用等学科讲义和讲课稿，对科教联系生产有了进一步的了解。我多次下乡蹲点，从事科研及农技推广工作，并取得了科研成果。例如，我在改革开放后的 10 年里，获省部级科技进步奖一等奖 2 项、二等奖 2 项、三等奖 3 项（含合作）。但农技推广效果都不够理想，特别是科技含量高的、提高农业综合生产能力的综合性重大科技创新成果，推广难度更大，即使勉强推广，效果也很不理想。[①] 对此，我的初步认识是：农业极其复杂，长期由农民个体经营，农民既缺乏系统的农业科技知识，难以持久地全面吸取科技成果，又因经济实力不足难以更新农机具。再加上我国农业推广体系不够健全，例如农技站的农技员不参加、不负责实际的农业生产发展，因而农民在农业生产过程中，没有能力吸取并采用新的，特别是综合性的农业新技术、新成果，更没有抵御自然灾害的能力，致使农业生产发展缓慢、不稳定。

1979 年，我和北京农业大学（现为中国农业大学）林培同志，应邀参加全国第二次土壤普查大会，担任大会的技术顾问，并分别代表我国南、北地区，承办全国第二次土壤普查技术培训班并开展试点。会后，我们参加了联合国粮食及农业组织（Food and Agriculture Organization of the United Nations，FAO）、联合国开发计划署（The United Nations Development Programme，UNDP）和国家农业部联合主办、北京农业大学承办的"MSS 卫片影像土地利用和土壤目视解译"讲习班。之后，联合国专家和农业部领导指定林培和我承担农业部的"卫星遥感资料在农业中的应用研究"项目。我为了配合全国土壤普查工作，开展了"卫星影像目视土壤解译及其调查制图技术研究"，解决了国际性的土壤调查制图技术难题，大幅度提高了土壤调查制图的精度及可重复性，以及土壤图的科学性，改变了土壤图只在"墙上挂挂"的现象。最终，我带领团队获得了"浙江省科技进步奖二等奖"。我开始认识到卫星遥感在农业生产与发展中的作用以及存在的巨大潜力。1982 年，我加入中国共产党。

---

① 《王人潮文选》编委会：《王人潮文选》，北京：中国农业科学技术出版社，2004 年。

自此以后，我带领科技团队，运用农业遥感与信息技术，研究解决了常规技术不可能解决的一些农业生产技术难题。特别是 1993 年，浙江省政府批准投资建立浙江省农业遥感与信息技术重点研究实验室，2002 年浙江大学批准投资成立校级农业信息科学与技术中心，研究条件有了极大改善，团队规模不断扩大，研究内容不断扩充。40 多年来，我们团队取得了一系列科技成果，获得省部级以上科技进步奖 23 项（含合作），其中国家科技进步奖 3 项，省部级奖一等奖 3 项；发表创新性论文 1000 多篇、科技专著（含创新教材）16 部；培养硕士、博士研究生和博士后 250 多名；最终创建了一个国务院学位委员会批准的、全新的农业遥感与信息技术学科和浙江大学批准的新专业。但是，我们的研究成果在农业部门，特别是在农业生产领域没能推广应用。我认为其主要原因是现行的农业经营模式缺乏推广高新技术的社会经济技术基础。2003 年，我在组织撰写《农业信息科学与农业信息技术》时，正式提出"信息农业及其技术体系"。

2014 年，我 84 岁时，才看到习近平于 2007 年在浙江省工作时提出"努力走出一条经济高效、产品安全、资源节约、环境友好、技术密集、凸显人力资源优势的新型农业现代化道路"①（简称新型农业现代化道路）。这是一条凸显人力资源优势的、解放农业生产力的、技术密集型的农业现代化发展道路。2015 年，我再次看到习近平总书记提出"同步推进新型工业化、信息化、城镇化、农业现代化，薄弱环节是农业现代化。要着眼于加快农业现代化步伐，在

① 习近平：《走高效生态的新型农业现代化道路》，《人民日报》，2007 年 3 月 21 日。

稳定粮食和重要农产品产量、保障国家粮食安全和重要农产品有效供给的同时，加快转变农业发展方式，加快农业技术创新步伐，走出一条集约、高效、安全、持续的现代农业发展道路"[①]（简称现代农业发展道路）。这是一条转变农业经营发展方式，挖掘农业农村创造财富潜力，因地制宜地走出具有农业农村特色的一、二、三产业融合发展的大农业、大产业的发展道路（以上合称"两条道路"）。

习近平总书记提出的农业生产与发展的"两条道路"，是科学的、有具体要求且内容全面的，是符合中国特色社会主义新时代，能发挥制度优势的农业生产与发展道路。由此，我认识到：要发动群众、组织科技力量，运用以卫星遥感与信息技术为主的高科技，开展一次新的农业技术革命和农业农村的社会变革运动。从此，走出"两条道路"成为我和研究所的研究方向和奋斗目标，也是浙江省农业遥感与信息技术重点研究实验室的核心任务。

2016 年，我开始以走出"两条道路"为目标，指导我的研究生、研究所副所长梁建设主编《浙江大学农业遥感与信息技术研究进展（1979—2016）》[②]。这是一部总结 40 多年农业遥感与信息技术研究成果及其应用的科技专著。我结合 60 多年的农业高教和科技工作的经验与体会，经过细致的分析、研究，整合众多创新成果（资源）综合研究，研制出网络化的融合信息农业模式（简称信息农业），这是制度性的农业科技创新成果。在信息时代、中国特色社会主义新时代，现行农业模式的生产发展与科技进步严重脱节，

---

① http://www.people.com.cn/gb/n1/2022/0122/c32306-32337393.html。
② 梁建设：《浙江大学农业遥感与信息技术研究进展（1979—2016）》，杭州：浙江大学出版社，2018 年。

阻碍农业发展。我认为，我国农业经营模式应该快速转型升级；在以卫星遥感与信息技术为主的高新技术、大数据、云计算、网络化的信息时代，只要创造条件，发挥制度优势，我国现行农业模式完全有可能跨越式地向着网络化的融合信息农业模式转型升级。这样就能解决农业生产发展与科技进步脱节的关键问题。同时，我还提出了信息农业（工程）建设实施原则及其管理体系的思路框架。从研究视角来看，我们已经初步完成了信息农业的理论设计，只要通过信息农业（工程）建设，建成并实施网络化的"四级五融"①信息农业管理体系，就能实现信息农业。随着信息农业的发展及其经营技能的不断提高，古老的农业模式将退出历史舞台，由掌握卫星遥感与信息技术的农业科技人员，以及具有农业科学知识、能操作现代化农业仪表仪器和先进农具的专业农民（或称专业农工），与涉农部门相互协作，共同完成农业生产的全过程。我国农业形成信息化、网络化、专业化、规模化经营模式，就有可能向着稳健的、可持续的大农业大产业方向发展。可以预测：随着国民经济特别是工业智能化的快速发展，科学技术的不断进步和突破，信息农业水平的不断提高，食物结构的改变（例如主食、副食比例的改变）等，农业生产将会进入工厂化、智能化时代。现在的塑料大棚、农业设施等，就是农业工厂化的露头，也可以认为是工厂化的融合信息智慧农业模式（简称智慧农业）的露头。到那时，最古老的、落后的、艰苦的农业，将成为由高新技术武装的农业，走向具有农业农村特色的、因地制宜的"三产"融合发展的道路。

---

① "四级五融"中的四级是国家、省（区、市）、县（市、区）、乡（镇）；五融是指科研、推广、培训、生产与发展。

　　我国现行的农业经营模式转型升级，需要发动一次新的农业技术革命和农业农村的社会变革。这是一次跨越式的农业模式转型升级，技术难度很大，需要研发、推广、培训、生产以及改制。所以，必须在党的统一领导与支持下，发挥我国"集中力量办大事"等制度优势，发动群众，组织科技力量，有领导、有组织，有研发、有推广，边创新、边改革地同步推进。通过实践与改革创新，因地制宜创建信息农业管理体系等。

　　如今，我年过九旬，健康状况大不如前，看书写字都有点困难，而且一年比一年差，但我还是坚持完成这本书，有以下方面的原因。首先是为了落实习近平总书记提出的"新型农业现代化道路"和"现代农业发展道路"。网络化的融合信息农业模式能解放农业生产力，不断提高农业综合生产能力，促进农业生产技术现代化，能走向因地制宜的、信息化的、具有农业农村特色的"三产"融合发展的大农业；能打通科研、推广、培训与农业生产发展的通道，达到科技进步与农业生产发展同步，并最大限度改变农业生产靠天的发展缓慢的被动局面，走上较为稳健的高质量可持续发展道路。其次是为了大幅度、持久而全面地提高农业产值、增加农民收入，抓住农业农民的"根"——土地。因地制宜地提高土地利用率和产出率，从而实现土地经营效益的提高。特别高兴的是，我国如期完成了新时代脱贫攻坚目标任务，脱贫攻坚战取得全面胜利，尤其是在实施过程中，找到和创造了多种农业增产、农民增收的成功范例。但是，在全国普遍地、平稳协调地、全面而持久地提高农业产值，走出农业快速稳健高质量可持续发展道路，还需要巩固和拓展脱贫攻坚胜利成果；更要全面落实、因地制宜地实施信息农业，全面、科学地发挥和挖掘土地生产潜力；扩大农业科技应用范围，提高农产品质量和产量。例如因地制宜地挖掘环境生态和人才（文）资源优势，发展具有农业农村特色的二、三产业；大力开发经济高效的土特产（传统产业），如手工艺术品和药材补品、优质果蔬等特色产业，有条件的还可以开发农村旅游和农村民宿，以及参与具有农业农村特色的商业等。这样可以转移大量农村剩余劳动力，创办具有农业农村特色的二、三产业，农民的收入就可以得到较大幅度的增长。最后是为了实现我立志学农的初心，为农民、农业找"出路"的使命，即为完成一个老共产党员的毕生心愿。我在 2020 年完成本书的第二稿修改；2021 年 12 月，我 90 岁后身体状况明显滑坡，特别是视力变得更差，但仍坚持完成了第三稿，并整理申报科技进步成果奖的材料等。至此，我交出了解决我国农业在国民经济建设中是短板的"老大难"问题的最后一份答卷。

王人潮

2022 年 7 月 1 日

于浙江大学

前　言

新中国成立以后，我国实施以土地改革为主的综合性改革措施，极大激发了农民的劳动积极性，提高并解放了农业生产力；农业生产得到快速发展，农民生活得到极大提高，实现了农民翻身做主人。但是，我国到 20 世纪 80 年代，进入基本工业化阶段时，古老的农业成为国民经济建设中的弱项。对此，党和国家领导人决定减去农业税，把农业列为国家工作的重中之重。21 世纪初，国家在推进"四个现代化"时，农业现代化是薄弱环节，不但开展研究困难，即使研究取得成果，也很难在农业生产领域推广应用。此时，对社会发展、改善人民生活贡献最大、时间最长的古老农业成为被资助产业。党和国家领导人指示"必须始终把解决好'三农'问题作为全党工作重中之重"，要执行"多予、少取、放活"的方针等。

我国在党的坚强领导下，开展了史无前例的脱贫攻坚战，并取得了全面胜利，消灭了绝对贫困，全面建成了小康社会。但还要巩固和拓展脱贫攻坚的伟大成果，防止脱贫后返贫，杜绝集体返贫，以及实施乡村振兴战略，实现农业高质量可持续发展，促进中国式现代化，农民依靠集体力量和分配制度改革等，走向社会主义共同富裕的道路。解决这一连串紧密相关的问题，应该是全国广大农民的迫切要求和国家的重大需求；也应该是涉农高校院所领导的重大责任和广大科教工作者的责任和使命。

　　我们经过近几年的研究与详细分析，认识到农业在国民经济建设中是短板，既有陈旧的农业经营管理和计划经济时代遗留的问题，也有农业生产与发展过程中受到难以控制和克服的主观与客观因素的影响问题，还有历史形成的"轻视农业""农业简单"等错误认识问题。因此，必须在习近平新时代中国特色社会主义思想（关于农业农村改革发展的重要系列论述）的指引下，以现代农业产业特征的创新认识为基础，从农业发展史和有利于国家经济发展的全局观，以及理论与实践相结合的高度，总结和研究我们60多年的经验与教训，找出导致农业形成"老大难"问题的原因。

　　首先，农业生产是在地球表面露天进行的、有生命的、社会性的生产活动，并伴随着生产的分散性、时空的变异性、灾害的突发性、市场的多变性，以及农业种类和动植物生长发育的复杂性等五个运用常规技术难以调控和克服的基本难点。

　　其次，我们运用以卫星遥感与信息技术为主的高新技术，分析、研究、整合60多年的系列创新成果（资源），梳理成《网络化的融合信息农业模式》（简称《信息农业》），及网络化的"四级五融"信息农业管理体系。这也许是一项在制度层面上，对农业经营模式的创新设计，更加有利于提高农业综合生产能力的、制度性的农业科技创新性思路。全面实施信息农业技术，能巩固与拓展脱贫攻坚伟大成果，也能为推进乡村振兴战略提供一个内生动力的长效机制，最终实现农业快速稳健、高质量的可持续发展，从根本上解决农业短板问题和"四个现代化"建设中作为薄弱环节的农业现代化进程中存在的问题，为促进信息农业模式过渡到智慧农业模式创造社会经济技术基础条件。

最后，为了全面实现信息农业模式，必须坚持试验先行，取得经验后再推广。我们建议选择浙江省，是因为浙江大学有悠久的历史，有坚实的农业科学基础，更是一所综合性的高水平科研型大学；特别是开展农业信息化技术应用研究已有40多年历史，也取得了一系列创新研究成果，其中有3项研究成果获得国家科技进步奖。在党的坚强领导和支持下，浙江大学有条件、有能力、有义务承担信息农业（工程）建设国家试点任务，推动我国现行农业模式跨越式、快速转型升级到信息农业模式，为加快中国特色社会主义农业现代化建设大胆地进行探索，先试先行；为浙江大学的"双一流"建设和"创新2030计划"做出积极贡献。

王人潮　丁　菡

2022 年 7 月 1 日

目　录

第二章　信息农业的内容及研究现状

第三章　信息农业管理体系

第四章　信息农业的技术体系及其关键技术和产业化

第五章 信息农业的优势及发展趋势

第六章 信息农业（工程）建设试点问题

总　论

本章基于对现代农业产业特征的深刻认识，结合其时代性的详细分析，阐明我国农业在国民经济建设中存在的诸多问题，并从我国农业模式演变的历程来阐明我国现行农业模式从传统模式向信息农业模式转变的紧迫性和必然性，同时简要介绍信息农业模式的理论基础和发展趋势。

一、我国农业经营模式演变及其存在的问题

（一）我国农业经营模式演变概述

　　科学技术和生产力的不断进步，是人类研究自然、认识自然和利用自然，促进国民经济发展和提高创造美好生活能力的强大推动力。根据半个多世纪的实践，笔者认为：创建并优化适合社会时代、发挥制度优势、遵循现代农业产业特征更高层次的经营模式及管理（包括政策），是促进农业经济发展和提升国民对美好生活追求的重要条件之一。早在远古石器时代的原始社会和奴隶社会，农业生产基本上是刀耕火种渔猎模式。据相关资料的粗略统计，每500公顷（1公顷=10000平方米）土地可养活50人以下。随着冶炼业的发展，人类进入铁器时代的封建社会，农业生产开始并逐步实施连续种植的圈养农业模式，每500公顷土地可养活1000人左右，相比石器时代提高了19倍。随着工业的逐步发展，人类进入工业化时代，随着化肥、农药和农业机械的大力发展，农业生产实施的是工业快速发展的集约经营农业模式，每500公顷土地可养活5000人以

上，相比铁器时代提高 4 倍多。[①]由此可见，农业经营模式转型对农业增产与增收产生了极大的推动作用。每一次的农业经营模式升级，农业生产都会发生质的跳跃式的变化。现在，在工业化的基础上，人类已经进入以卫星遥感与信息技术和大数据、云计算、网络化为标志的信息时代。我国的工业和服务业进入信息化的速度非常快，对国民经济的影响极为深远。但是，我国农业领域的科技进步与农业生产发展之间相差较大，一定程度上阻碍了农业生产能力的发展。我国现行的农业经营模式还无法适应快速发展的国民经济建设的需求，对农业科学技术的进步提出了更多更高更迫切的要求。笔者经过 40 多年对农业遥感与信息技术的研究，提出了更加符合我国信息时代的、更能发挥中国特色社会主义制度优势的、遵循现代农业产业特征创新认识的农业经营模式。这就是我们研究提出的网络化的融合信息农业模式（简称信息农业）。

（二）我国现行农业模式存在着严重阻碍农业发展的问题，急需转型升级

1. 现代农业产业特征的创新性认识

传统的农业生产是在地球表面露天进行的有生命的社会性的生产活动，伴随着生产的分散性、时空的变异性、灾害的突发性、市场的多变性，以及农业种类和动植物生长发育的复杂性等五个运用常规技术难以调控和克服的基

---

① 王人潮:《中国农业遥感与信息技术十年发展纲要（国家农业信息化建设，2010—2020 年）征求意见稿》,《王人潮文选续集》, 北京: 中国农业科学技术出版社，2011 年，第 1—27 页。

本难点，这是我们对现代农业产业特征的创新性认识。其中农业生产的分散性，使得农业生产管理很困难；时空的变异性是进行农业合理布局和农业科学发展及推广应用时的最大障碍；多种农业灾害的突发性是农业稳产、稳收的最大克星；市场的多变性使得农业生产很难做到按需组织生产，容易造成供需矛盾，导致收入不稳定；农业种类和动植物生长发育的复杂性是人们最难掌握的科学技术难题。这些都需要强大的研究团队和推广人员来解决。而现在，农业科技人员、乡镇农技站专职技术人员都是有限地参与农业生产，对农业生产的主体责任不明确。综上所述，农业与工业、服务业相比，发展相对缓慢。漫长的农业生产历史表明：以上分析的五个方面问题是人们运用常规技术难以调控与克服的，这就使得农业生产在很大程度上依赖自然的力量之被动局面。这不仅是形成农业生产脆弱性、收成不稳定的自然原因，也是农业（一产）的发展速度始终落后于工业（二产）、服务业（三产）的自然原因。根据浙江省 2017 年的统计，全省生产总值增长 7.8%，其中工业（二产）占比 43.4%，服务业（三产）占比 52.7%，而农业（农林牧副渔业）只占比 3.9%。2016 年，三产结构比是 4.2 ∶ 44.8 ∶ 51.0，可见 2017 年的农业（一产）比重从 2016 年的 4.2% 降到 3.9%。再看农业收入占国内生产总值的比重变化：2002 年是 8.6%，2016 年是 4.2%，2017 年是 3.9%，2019 年是 3.4%。可见农业收入占国内生产总值的比重随着社会发展一直在下降。特别要注意的是 2019 年，浙江省经过乡村振兴、脱贫攻坚和"两区（粮食生产功能区和现代农业园区）"建设、千万农民素质提升工程、示范性农业全产业链等措施以后，农业收入占国内生产总值的比重仍旧呈现逐步下降的趋势。

2. 先进的科研成果和技能难吸收

改革开放以后，农村实行了联产承包经营方针，我国农业长期由个体户农民经营，很难吸收先进的科研成果和技能。农业生产是极其复杂的产业模式，在某些方面，其技术含量又很高。它不仅受多种难以调控与克服的自然因素的限制，而且农作物是有生命的，要想获得既高产又优质的农产品，实施的技术难度是很大的。从 20 世纪以来，我国农业主要以个体户农民为主体，由缺乏系统的农业科学知识的农民独立经营。新中国成立后虽组建起农业技术推广体系，但限于当时的管理条件和教育水平，农业技术推广效果不够理想。特别是没有"农民培训制度"，其结果是经营农业的主体——农民的农业科学知识没有系统性提高，始终停留在实践经验的基础上。而农业科学技术人员并没有直接参加农业生产经营管理，农业技术成果转化的效率也十分有限，这在一定程度上导致农业科技进步十分缓慢，这是影响农业发展的人为因素之一［参见实例 1 浙江省衢县千塘畈低产田改良研究（1958—1960 年）和实例 2 浙江省富阳县早稻省肥高产栽培试验（1971—1979 年）］。

3. 错误认识阻碍农业模式转型升级

长期以来，人们存在着农业生产艰苦劳累、简单等错误认识，严重影响科技成果推广，农业模式自然转型升级受阻。在原始社会，人们以采野果、捕鱼为生，可以说还没有农业（或叫原始农业）。社会发展到奴隶社会石器时代，逐步向着刀耕火种渔猎农业模式慢慢过渡；到铁器时代的封建社会，农业慢慢地转型为连续种植的圈养农业模式；进入工业化时代，农业较快地向着工业化的集约经营农业模式转型。而在我国，长期以农民为主体，以"传帮带"的方式传授农技及经营农业。这就习惯性地形成"农业简单、不需要技术，不需要培训，谁都能干"的错误认识。如今，我国已经进入中国特色社会主义新时代，社会已经进入信息时代，农业生产存在的问题更需要信息化手段来解决。但是，在我国推动农业信息化并不容易，比其他行业都要困难，这是人们的错误认知造成的，这也是严重影响农业发展的人为因素。

4. 新成果、新技术的应用实例

【实例1】浙江省衢县千塘畈低产田改良研究（1958—1960年）

1958年，笔者在衢县千塘畈从事低产田改良研究。全畈17000亩（1亩＝666.7平方米）稻田，平均亩产水稻100千克左右，为数不多的、产量比较高的稻田亩产也只有150～200千克；为数不多的冬季绿肥亩产平均只有100～200千克，低的几乎无收。笔者选择绿肥无收的衢县城关镇千塘畈低产区，在采取"以磷增氮"（种能固定空气中的氮）的绿肥为主的开沟排水等低产田改良的基础上，首先将冬闲（极少绿肥）中稻单季制改为绿肥、单季稻双熟耕作制，运用综合性的高产栽培技术开展丰产试验，最终取得很大成功。用作有机肥料用的紫云英最高年产量可达每亩4000千克左右，部分用作青贮饲料，扩大养猪业，大部分用作基肥，培育土壤。试验区（大队）的水稻平均亩产365千克，其中两块试验田亩产490千克。这项研究成果，表明1958年我国农业科技水平有望实现水稻单产过千斤。1959年，笔者被抽调参加全省土壤普查，因任务繁重，不能亲临千塘畈组织技术推广工作，由当地领导组织推广到全畈。4年后，据省农科院调查统计，全畈平均亩产230千克，如果与低产田改良前相比，增产130千克，即增产一倍多。但与试验区（大队）比较，是从365千克减产到230千克了；如果与高产试验田的490千克比较，其差距就更大。现在的千塘畈已经是衢州市的新城了，因此无法用2017年的产量进行比较。值得一提的是，这项低产田研究成果和低丘红壤改良取得的成果，开拓了磷肥产业，推动了浙江省低产田改良运动，对1966年浙江省粮食平均亩产（437千克）成为全国第一个超"纲要"（400千克）的省，起到了关键作用。

【实例2】浙江省富阳县早稻省肥高产栽培试验（1971—1979年）

1971—1979年，笔者在富阳县开展早稻省肥高产栽培技术研究。这项研究是在低产田改良和作物营养综合诊断研究及其示范推广取得成功的基础上进行的。1971—1979年，笔者应富阳县革委会的邀请，帮助解决"富阳县的农业生产条件好，劳动力、肥料、成本的投入也不少，就是产量上不去（良田也低产）"的问题。1971—1974年，笔者经过实地调研，运用土壤与作物营养诊断技术，找出低产原因之后，针对富阳县不同地区的低产原因，在不同地域做了10多个对比试验，以及低产田改良试验，取得10%～30%的增产效果，有的甚至成倍增产。1975—1979年，笔者挑选全县产量最低的塘子畈的一个生产大队作为试验基地。在低产田改良和作物营养综合诊断研究及其推广取得一定成效的基础上，笔者针对偏施、多施化学氮肥的危害问题，开展"早稻省肥高产栽培及其营养诊断技术研究与规范"研究。笔者先将冬闲水稻一熟制改为绿肥水稻双熟制，再吸收日本松岛省三的"水稻产量形成机理"施肥，因地制宜地采用省肥高产栽培技术；运用水稻营养综合诊断技术，检测水稻和土壤养分变化动态。经过一系列的改良工作，该试验取得了以下成果：首先，1979年的全县平均亩产从1970年的350多千克提高到800多千克（超"双纲"，即1600多斤）；试验基地的亩产达到930千克，接近双千斤。其次，水稻每斤硫铵增产稻谷，从对照的1.14千克提高到2.61千克（当时国内最高纪录是1.75千克），可节省化学氮肥一半多。灌水则根据水稻生理和土壤低湿通气性差的特点，采用干湿交替法，可以节省大量用水。干干湿湿的稻田环境，能有效减少田间湿度而增加通风度，病虫害也大为减少，从而节省农药。这项综合试验结果表明，我国凭当时的农业科技水平在1979年就有可能种出粮食亩产1000千克（双千斤）了，而且获得省肥、节水、减药的水稻栽培的综合先进技术，还能有效预防稻田的面源污染。再次，国家农业部在富阳县召开了两次现场会（这是少有的），并在浙江举办全国培训班。农业部土肥总站在全国推广"测土配方施肥"4亿亩，增幅在10%～15%，增产粮食79.4亿千克；浙江省多次举办"测土配方施肥"培训班，推广4000万亩，增产粮食10亿千克，节省标氮1.8亿千克。最后，本项成果是科技创新成果，先后获浙江省科技进步奖和科技推广奖二等奖各1项、三等奖2项；笔者编著的《水稻营养综合诊断及其应用》获全国优秀科技图书奖二等奖。总之，这是一项技术含量较高的技术密集型成果。但遗憾的是，当时并没有形成系统的、完整的水稻省肥栽培模式，而是简化为"测土配方施肥"技术在全国推广。特别要深思的是：根据富阳县 2017 年的报道，全县平均粮食亩产只有 475 千克（950 斤）。这与 1970 年的全县亩产 350 多千克相比较，47 年来增产约 125 千克（平均亩产每年只增约 2.5 千克）。如果用 1979 年的全县亩产 800 千克与 1970 年的 350 千克相比较，9 年增产 450 千克（每年每亩平均增产 56.25 千克，9 年增产 1 倍多）。如果用 1979 年的 800 千克与 2017 年的 475 千克相比较，说明经过 38 年，平均亩产减少 325 千克，减产近一半。特别是农田普遍受到面源污染，有的还很严重。这就充分证明农业生产经营模式急需转型，才有能力吸取和运用高新技术，且随着农业生产技术水平的提高，改进和采纳综合性的高新技术研究成果变得尤为重要。

二、我国现行农业经营模式转型是农业发展的需要和必然

（一）我国农业要走出"新型农业现代化道路"和"现代农业发展道路"，现行农业模式必须转型升级

1979 年，笔者开始进行农业遥感与信息技术应用研究，到 2017 年，已在各个产业领域取得了大量的科技创新成果。其中，土地方面的科技成果由新设立的土地管理部门或专门机构（公司）全面推广应用，并取得了良好的经济效益。在水利、林业和农垦等方面的成果，则由相关行政主管组织推广应用，也都取得了较好的效益。但在农业方面的系列成果，只有 2000 年研发的"基于 WebGIS 的现代农业园区信息管理系统"在浙江省农业厅的资助支持下，结

合国家任务，结合标准农田建设，在浙江省农业高科技示范园区建设中应用，取得了非常好的效果。2004年，"农业高科技示范园区信息管理系统及其应用研究"获浙江省科技进步奖二等奖，并且该成果至今还在浙江省"两区"建设中推广应用。极为遗憾的是，其他科技成果在农业领域几乎都没能推广应用。例如我国最早开发的，也是国际上第一个研发成功的"浙江省水稻卫星遥感估产运行系统"，具有水稻长势监测、种植进度检查和早期估产等多种功能。该系统4年共进行了8次早晚稻估产试验，测试结果为：水稻种植面积估测的平均精度是93.12%，水稻总产平均精度是90.18%。这是我们通过"六五"至"九五"4个五年计划的前期攻关、重大项目等，持续20年的研究，取得国际领先的、能够实施运行的科技成果，曾获得农业部和浙江省科技进步奖二等奖各1项，继而获得国家科技进步奖三等奖（五级制）。再如，笔者研发的浙江省红壤资源信息系统，是经过8年研发出的国内第一个由省级（1：50万）、地市级（1：25万）和县级（1：5万）三种比例尺集成的系统，具有无缝嵌入和面向用户（生产单位）提供技术咨询服务，以及为有关部门提供决策咨询服务等功能。之后，还建有"浙江省土壤资源数据库"。这对浙江省土壤管理和红壤资源合理开发利用及其信息化管理都有很大作用。我们研究开发的水稻施肥信息系统，不仅使得作物增产，而且省肥、节水、减药，有效地预防面源污染。但上述的这些科技成果并没有得到大面积应用，笔者认为在现行的农业经营模式下，推广农业信息技术缺少社会经济技术基础。要想加快农业发展，取得大幅度的增产增收，必须创建一种适合信息时代、中国特色社会主义制度，并能发挥制度优势的新型农业经营模式。这种模式的推广实施必须在党的坚强领导下，发动群众，提高认识，掀起新一次的农业技术革命，通过农业信息化工程建设，加速现行农业经营模式转型升级，实现信息农业，走出一条以信息技术为基础的高质量、高效益、可持续化发展的现代化农业的道路。

（二）农业经营模式转型升级是必然的

首先，农业经营模式转型的历史表明：农业模式转型是随着科技进步和社会时代的发展而逐步完成的。为了适应新时代，发挥制度优势，农业经营模式转型升级是必然的，这也是农业发展的自然规律。其次，为了落实习近平总书记提出的走"新型农业现代化道路"和"现代农业发展道路"，也必须促进我国现行农业模式转型升级。最后，浙江大学经过40多年的农业遥感与信息技术研究，取得了一系列成果，已经获得科研型的"新型农业现代化道路"和"现代农业发展道路"及信息农业管理体系的框架设计。这就是网络化的融合信息农业模式及其管理体系（简称信息农业管理体系），特别是我国成功发射高分六号卫星，与高分一号卫星组网运行，两天就能获取一次遥感数据。这是实施信息农业，获取农作物及其环境生态等现势性信息最有力的支持，也是实施信息农业的重要标志之一。因此，只要在党的统一领导下，发动群众、组织科技力量，通过国家级的农业信息化（工程）建设试点，就有可能促进农业模式向着网络化的融合信息农业模式转型升级。这就能从根本上解决我国农业在国民经济建设中是短板的这个"老大难"问题，并能加快推进中国特色社会主义农业现代化。

三、网络化的融合信息农业模式的概念及其发展预测

（一）网络化的融合信息农业模式的形成与概念

1. 信息农业的研究基础及形成背景

研究基础：①笔者从小就参加农业劳动，其中务农 4 年，对农业收入低而不稳定、农民过的艰苦生活，有深刻的认识。②笔者有 60 多年的农业高教、科研及农技推广和农业农村调查的经验和体会。③笔者与科技团队有 40 多年的农业遥感与信息技术应用（农业信息化）研究经历且取得了系列成果。例如，笔者与团队及合作者共同完成国家基金（含专项）、国家"973"计划和"863"计划，国家攻关计划、支撑计划、重大专项和国际合作；完成省部级的攻关、专项和基金项目等，以及众多的横向项目，粗略统计有 300 多个课题，总经费在 7500 万元以上，曾获国家和省部级科技进步奖以及全国优秀科技图书奖等 25 个奖项（含合作研究）。我们创建了国务院学位委员会批准的一个农业遥感与信息技术二级新学科，归属农业资源一级学科；还创建了浙江大学批准的一个新专业；主持、主编国家新编通用的"面向 21 世纪课程教材"4 册，培养博士后、博士和硕士研究生 250 多名。

形成背景：在系统学习习近平总书记对农业要走出"两条道路"以及农业信息化和对科技工作者的讲话后，笔者坚定了为农业、农民探索最优发展路径之信念。笔者经过系统总结、集成农业科教工作的经验和成果，并融合 40 多年

农业信息化研究所取得的成就；根据习近平总书记提出的
"新型农业现代化道路"和"现代农业发展道路"的理念，研
究并提出网络化的融合信息农业模式。这是一个制度性的
农业科技创新思路。全面实施信息农业就是全面落实习近
平总书记提出的"两条道路"农业经营模式，也是执行毛主
席总结提出的土、肥、水、种、密、保、工、管"农业八字
方针"综合运用的农作物精细管理模式。用一句话概括：信
息农业就是运用以农业遥感与信息技术为主的高科技，全
面获取并融合最佳的理论（念）、最优的技术（能）、最好
的方法（式），以及最有效的管理（经营），发挥涉农单位
的职能、技能优势，聚集全国力量组织农业生产与发展，
以实现农业全面稳健的、高质量可持续快速发展的现代化
农业经营模式。

2. 信息农业的概念及具体做法

信息农业是信息时代、中国特色社会主义新时代独有
的农业经营模式。通俗地说，信息农业就是运用以农业遥
感与信息技术为主的高新技术，不断发挥社会主义制度、
人才（文）和环境资源生态等优势与作用，结合先进的常
规技术，聚集与农业生产发展和农产品质、产量相关的全
部信息，包括历史的和现势的、宏观的和微观的、最佳的
和最新的理论（念）、技术（能）、方法（式）和高效的经
营管理等全部信息，整合众多相关的创新成果（资源），研
制出制度性的农业科技创新成果，即信息农业新模式。

信息农业是适合信息时代、中国特色社会主义新时代，
并能发挥制度优势的农业模式；它是适合现代农业产业特
征的创新性认识，并能把"五大基本困难"造成的损失降到

最低。这是因为信息农业坚持因地制宜、科教兴农、科技强农的总原则，不断挖掘土地生产财富的潜力；坚持"有规划、保计划、多自主"的用地原则，发挥各级，特别是顶层设计和基层探索相统一的巨大作用，确保国家粮食安全和主要农产品有效供给，以及做到既合理用地又能发挥基层的用地积极性，以及发挥涉农单位、领导助农的职能与技能优势，走出授人以渔的助农之道等。因此，实施信息农业能巩固和拓展脱贫攻坚的伟大成果，防止脱贫后返贫，杜绝集体返贫；以社会主义的集体力量为基础，走共同富裕道路。这是中国特色社会主义独有的创新型农业模式。

具体的做法及其效益是：第一，运用土壤资源详查与制图、低产田地改良、土地利用现状详查与制图，以及土壤资源适宜性利用规划和土地利用总体规划等创新成果，做好因地制宜的"三产"用地规划和"信息农业"用地布局，实现土地资源合理利用的持续效益最大化。第二，根据"有规划、保计划、多自主"的用地原则和专业化规模经营的方式，做好农业用地布局，既要确保国家粮食安全和主要农产品的有效供给，又要发挥基层单位的创造性和积极性，实现合理用地、专业化规模经营效益最大化。以上就是实施信息农业的前期（基础）工作。第三，获取并融合土、肥、水、气、种、密、保、工、管，以及动植物生长发育及其环境等领域创新研究成果；研制出农产品的生产技术规范流程模型（生产模型），实现农产品生产的规模经营效益最大化。第四，整合现代农业的发展理念，及其相关创新研究成果，研制出以乡镇为单位的农业发展模式，实现"三产"融合发展效益最大化。第五，通过改革创新建成技术密集的、由专业人才操作管理的、网络化的"四级五融"信息农业管理体系，既能打通科技、推广、培训与农业生产发展的通道，又能做到科技进步和农业生产发展同步。第六，利用由提高农业劳动生产率转移出来的劳动力，因地制宜地创办和拓展具有农业农村特色的二、三产业，特别要优先发展高效特色产业和红色资源产业等。第七，通过网络化技术，构建从乡镇到县市、省（区、市），直至全国的农业生产网络，实现农业目标一致的、高质量的、快速稳健的可持续发展。

农业经营管理的最终目的是农业生产高效、农民收益增加和环境优美等，其根源是土地资源有效利用。从土地资源中不断增加收益的途径有三条：一是提高土地产出率和农业劳动生产率；二是打通科技、推广、培训与农业生产发展的通道，依靠科技力量不断地快速提高农产品的质量和产量；三是用转移出来的劳动力，组织创办和拓展融合农业发展的二、三产业，形成具有农业农村特色的农业发展模式。总之，信息农业要挖掘农业农村的生态环境与人文社会两大资源优势，以及发挥区域（位）优势，发挥人才的积极性，组织和调动一切劳动力、知识、科技、管理和资金资源，不断创造财富来增加农业的产值，提高农民收入，并在脱贫攻坚取得成功的基础上，与国家乡村振兴战略有效衔接，以最快的速度建成城镇化的美丽新农村。

3. 落实信息农业的前提

发挥制度优势、遵循现代农业产业发展趋势，强化组织经营管理是实施信息农业的前提。

笔者把实施信息农业落地、创造财富的内容概括为以下两点。另外还有农业农村特色的二、三产业，在此不展开介绍。

（1）农产品的生产技术规范流程模型

农产品的生产技术规范流程模型是以农产品（含品种或变种）为生产的基本单元，由农技人员从相关的专业应用系统中（有多少生产因素就有多少专业应用系统）选取最新最佳信息，再与该农产品专家协商，研制并建成该农产品最先进的、技术密集的农产品（品种或变种）生产技术规范流程模型（简称生产模型，有多少农产品就有多少生产模型）。这是农业生产走"新型农业现代化道路"的技术保证。

（2）乡镇大农业大产业的发展模式

乡镇大农业大产业的发展模式是以乡镇为农业生产经营单位，以绿色发展为理念，运用农业信息技术，挖掘农业农村的生态环境、人文社会和区位（域）等优势，因地制宜地研制出的具有农业农村特色的"三产"融合的、可持续发展的大农业大产业发展模式。这是农业农村走"现代农业发展道路"的技术保证，也就是农业整体发展现代化的保证。

（二）网络化的融合信息农业模式的发展预测

信息农业是现阶段最高水平的农业经营和管理模式。在信息农业的基础上，随着国家工业智能化的发展，以及科学技术和生产技能的进步，进一步升级经营模式。信息农业模式的升级还会受以下因素影响：①科学技术的不断进步，例如信息技术和生物技术的发展及其在农业的应用；②食物结构的改变，例如主食、副食之间比例改变等；③农作物栽培的逐步智能化，例如农作物生长发育的自动化监测系统的应用；④智能劳动代替繁重的体力劳动；⑤农业农村特色的工业（二产）、服务业（三产）的不断发展等。信息农业模式必定会促使农业技术水平不断提高，经济实力也会不断提高。可以预测：信息农业工厂化发展到一定阶段，特别是可控核聚能商业化后，就有可能出现"人造太阳"，露天的农业就有可能脱离太阳而经营。网络化的融合信息农业模式，将会逐渐升级为工厂化的融合信息智慧农业模式（简称智慧农业）。这是更高水平的信息农业，是智能化的智慧农业。到那时，古老的、落后的、艰苦的农业，将会由高新技术武装，并与工业、服务业相互融合形成大产业，"工农差别""农业简单、谁都能干"和"轻视农业""轻视农业劳动"的思想也会随之消失，国家乡村振兴战略有可能已实现，城乡差别也会随之消失。

第一章

信息农业的理论研究与总体设计

　　本章在现代农业产业特征的创新认知基础上，深入研究以种植业为主的信息农业模式理论问题后，提出十大专业信息系统，并构建出农业信息系统概念框图（以种植业为主）和农业信息系统数据库为基础的基本架构，较为详细地介绍十大专业信息系统的研究现状及设想。我们认为，只要完成土壤资源信息系统和农作物施肥信息系统，就能实施信息农业建设，这是因为土、肥两个信息系统基本能反映出农业生产的现状，加上完整的"信息农业建设"是一个较长时期的动态发展过程。

一、信息农业的理论研究

信息农业是一个极其复杂的农业模式，这是因为农业生产发展与天、地、人、物都有着密切的相关性，因此要因地制宜地挖掘土地资源创造财富的潜力。信息农业的内容极为广泛，它包括大田种植业（简称种植业）、畜牧养殖业、水产养殖业、农业特色产业，以及具有农业农村特色的二、三产业等，众所皆知，信息化不仅是一个地区发展的引擎，实现跨越式发展的支柱，更是新型工业化、信息化、城镇化、农业现代化'四化'同步发展的加速器、催化剂；也是"经济发展须臾不可离的'血液'，更是提升国家治理现代化水平的重要工具"[1]。利用以卫星遥感与信息技术为主的网络化、信息化、大数据、模拟模型、云计算等高新技术构建并完成信息农业的大量农产品生产模型。最后，在农业专业信息系统的基础上，因地制宜地制定大农业、大产业的发展规划（发展模式）。信息农业之基础是由多学科融合，即涵盖农业信息科学、农业遥感科学、新农业科学、环境科学、农业生态学，以及其他相关学科的交叉和融合。此外，我们除了对农业经营主体，即种植业有过比较系统的研究外，对畜牧业、水产养殖业也有过探索

---

[1] 《人民日报评论员：突破核心技术　建设数字中国》，《人民日报》，2018年4月24日。

性研究。我们在系统总结、整合农业信息化研究取得的创新成果基础上，根据习近平总书记提出的"新型农业现代化道路"和"现代农业发展道路"，及其大农业、信息化的思路和绿色发展的理念，分别提出以种植业为主的"信息农业的总体设计大纲"和"种植业信息化的理论设计原则"。

实施信息农业的技术体系（参见第四章），是以农业遥感与信息技术为主的高新技术，尤其是我国发射的高分卫星，具有高分辨率、宽覆盖、高质量成像、高效能成像、国产化率高等特点；高分卫星增加了有效反映农作物特有的光谱特性的"红边"波谱参数，以及能观测地面和物体的高度差异（即立体判读）等功能。对卫星遥感在农业中的广泛应用，以及信息农业的实施都是十分有利的。我国发射的高分卫星的空间分辨率、成像质量等，在特定的波段甚至超过以往研究使用的美国 NOAA、Landsat 与法国 Spot 等卫星资料。可以预测，随着我国信息农业的发展，在利用卫星遥感信息的过程中，会不断发现和提供更加有用的数据和参数；随着农业服务或者以服务农业为主的"农业卫星"研制和发射，会极大地促进我国的信息农业快速地向智慧农业转型。随着智慧农业的快速发展，农业将不再是国民经济发展中的短板。

二、信息农业的总体设计大纲

信息农业促进农业效益提高主要体现在以下几个方面：①组织与调动一切劳动力，协调知识、技术、管理、资本和自然资源合理分配，提高农业经营的科学水平，不断提升农产品的产量和质量，实现创造财富的可持续性；②引进人才资源（含外出人才和外请人才），优化环境资源（含景区和区位优势，以及待开发地区），挖掘人文社会资源（含名人效应、红色革命根据地、历史重大事件的所在地、著名的祠堂庙宇等），因地制宜地开辟特色高效产业、农村旅游，吸引外出能人（乡贤）返乡创业或回乡指导创业，以及引资创办具有区域特色的二、三产业等。最终目的是实现"三产"融合发展的大农业（信息农业），大幅度且可持续性地增加农业收入，提高农民的生活水平，以及快速推进城镇化建设等。

根据上述绩效途径和主要手段，我们将信息农业初步概分为以下6个方面。

（1）种植业：主要是农作物类、果蔬园艺类和经济特产类。这些是农业的主栽作物，也是现在农业经营的主体。

（2）畜牧养殖业（在牧区是主业）：包括鸡、鸭、鹅，以及猪、牛、羊等。

（3）养殖水产业（在渔业区是主业）：主要是农村水面和江、河、湖、海的养殖业，可以发展食用及观赏鱼类等。

（4）特色产业包括有地域优势、技能人才优势的传统产业：①药材、滋补植物，以及香料、果品特产类；②木雕（含根雕）、石雕、竹雕与竹业等手工业产品，以及纺织、绣花等农家特色产品；③花卉、宠物等。

（5）农村工业：利用农村废弃的有机物（包括天然植物和农作产生的残留物，人类与动物的排泄物，以及餐饮剩余物等），创办有机无机混合肥料工厂，不仅可以废物资源回收利用，防止环境污染，更重要的是培肥土壤，防止土壤退化，为农作物持续高产和"藏粮于地"打下基础。所以，有机无机混合肥料厂是每个乡镇集体农业都必须创办的，有条件的可以用土地投资与有关公司分红合作办厂，创办农产品贮藏和粗加工工厂，以及民生需要的农产品加工厂等。

（6）农村服务业：如农村养老院、幼儿园、托儿所、超市、网店或投资入股联办商业合作社，有条件的还可兴办旅游、住宿、饮食服务业等。

三、信息农业的设计原则（以种植业为主）

信息农业的理论设计总原则是：因地制宜、科教兴农、科技强农。本章只介绍和讨论信息农业设计原则的基础性和特异性，阐述十大专业应用系统及其研究现状和设想，其他设计原则，在第二章和第三章中结合应用实例加以说明。

（一）土地集体规模经营是实施信息农业模式的基础

封建社会的连续种植圈养农业模式，是以农户为单位、以农民为主体的分散经营模式；资本主义社会是工业化的集约经营农业模式，是以专业化农场为单位，由农场主、农技人员和农工合作规模经营方式。我国现行的农业经营模式是从半殖民地半封建社会，经过土地改革和工商业改造后，跳过资本主义发展阶段，直接进入社会主义时代。但在土地改革以后，土地虽是集体所有制，但还是以农户为单位、以农民为主体的、分散的、综合混杂的经营方式。20世纪50年代末期，毛主席提出土地由人民公社集体经营，既能发展专业化生产，又可防止农民两极分化，走共产主义道路。从农业生产发展的规律来看，应该肯定它的发展方向是对的，只是跨度太大、超越了当时的农民思想觉悟和认知水平，超越了社会经济现实和农业生产技能水平。现在，经过70多年的社会经济建设，特别是经过改革开放40多年的建设，我国的社会经济取得了翻天覆地、突飞猛进的发展，已经跳过资本主义时代的工业化的集约经营农业模式，进入信息时代、中国特色社会主义新时代了。但是，农业经营模式除了一部分流转给农业技术能手成立农业合作社及农业企业外，大部分还是以农民为主体的分散经营方式。由于土地的经营方式未改变，即农业经营方式未改变，一定程度上延缓了科技成果和新技术的推广速度，农业生产滞后于国民经济总体发展的速度。

在我国改革开放的工业化进程中，大批农民离开农村进城打工，随后出现大量的农田粗放利用甚至连片抛荒的现象。这也是国家工业化过程中社会发展的自然规律。我国人口众多，2022年已超14亿人。进入中国特色社会主义新时代以后的农业人口还是很多，所占的比例很大。这也是我国农产品成本高，以及农业发展缓慢的原因之一。我国政府为了坚持稳定土地承包关系以搞活土地经营关系，提出实行农村土地所有权、承包权、经营权"三权"分置并行制度，取得较好的效果。例如，抛荒现象大幅度减少，规模经营有所改善。但也出现一些问题，有的还比较严重，最主要的是农村土地集体所有制的集体所有权不断弱化。例如，出现农户承包的土地出售、应收回的土地收不回来、农民私下流转土地、权益分配的话语权减弱等等，导致集体土地所有权受损，甚至存在土地自由流转后的经营规模不能适应信息农业的要求。例如，根据2017年的调查，浙江省10亩以上规模经营的面积只有811.2万亩，据浙江省国土资源厅资料，只占全省耕地 2972.3 万亩的 27.3%；据浙江省农业厅资料，只占全省耕地 2384 万亩的 34%。尚未最大化发挥农业规模效益。我国农村土地是集体所有制，农民只有土地使用权，可以将全部农地流转给乡（镇）统一规划，由乡（镇）划片组织专业化的大规模经营，从而因地制宜地开展专业化利用和规模经营。农民的土地使用权和劳动报酬，可以采用土地使用权入股分红，按劳计分取酬等方式解决。由乡镇实施专业化、规模化经营的最大优点，是通过"有规划、保计划、多自主"的用地布局原则，因地制宜地利用土地，确保国家粮食安全和重要农产品的有效供给，并可最大限度地发挥基层单位的积极性，有序挖掘土地的生产潜力。这完全符合土地集体所有制的原则，不但不损害而且加强了社会主义集体土地所有权，特别是能为共同富裕打下基础。

（二）分工协作经营是实施信息农业的组织保证

农业是一个极其复杂的产业，特别是高水平农业经营难度大、技术性强、风险性大。因此，农业生产不但技术难度大，而且受大范围自然灾害等影响。例如台风灾害大多是从西太平洋过来的；我国南方稻飞虱是从东南亚过来的；有些虫害和冷害是从西北方向过来的等等。因此以农民为主体的、分散的、不专业的农业生产方式，很难跟上农业科技进步、跟上时代发展。相反，它会阻碍农业的快速发展。因此，要实施"省级农业信息化（工程）建设国家试点"，从国家到生产单位逐级分层组织协调，生产单位分专业，实施以农产品为单元的生产模式和以乡镇为单位的发展模式，由农业管理者、农业技术员和农业技术工人（由农民培养）合作经营农业生产发展全过程，并创建全新的信息农业管理体系，在党的统筹领导下，由政府组织实施，才能保证信息农业的完整实现。

（三）信息农业要在党的统一领导下有序地推进实施

我国推行信息农业模式经营，是从半殖民地半封建社会的连续种植圈养农业模式，以农民为主体的分散的个体农户经营方式为主，跳过资本主义社会的工业化的集约经营农业模式，实施以乡（镇）为单位、分专业的集体规模经营方式。这是跳跃式地、蝶变式地推进到网络化的融合信息农业模式，实施集体专业化规模经营的农业方式。推行信息农业模式经营牵涉到与农业有关的许多部门的改革和适应等。因此，必须通过省级农业信息化（工程）建设国家试点，成立信息农业的研发和推广机构。在研发改革的基础上，培养出一批具有农业科学知识和掌握农业信息化的专业技能的管理人员、专业技术人员和农业技术工人等。同时，还要改革和成立信息农业的管理机构和信息农业推广体系。所以，在我国推行信息农业，必须在党的统一领导下，由各级政府实施，逐级成立强有力的组织机构；建立农业信息化的研发和推广机构，形成体系并设立专项基金，研究促进信息农业的实施和不断发展；制定土地规模经营和各级政府支持的政策；发动广大群众，提高领导干部的认识，做到边研发、边推广，边改革、边建设，因地制宜、有序推进，最终通过改革创建适合信息农业经营的管理新体系。

（四）"多规融合"做好农作物用地优先的"三产"用地布局

农业科学研究已经证明：农作物是由碳、氢、氧、氮、磷、钾、钙、镁、硫、铁、锰、铜、锌、钼、硼、氯等 16 种元素组成的。其中碳、氢、氧 3 种元素大部分由大气提供，其余 13 种元素大部分由土壤提供。土壤中的所有元素，绝大部分是以有机质和腐殖质状态贮存在土壤之中。特别是土壤腐殖质不但供应养分，还能改善土壤物理性质，提高土壤肥力。具有良好的土壤肥力就是熟化的土壤，能较好地生长农作物，根据浙江省 42 种耕地土壤的熟土与生土比较测算的结果是：每公顷不同熟土的土壤养分价值在 24.8 万~41.6 万元之间。特别值得注意的是，在我国南方地区，荒地或耕地的下层生土培育成熟土一般需要 10 年以上，可见良好的耕地是先辈长期艰苦劳动，留下的宝贵财富。农业发展，特别是农作物种植，水稻田对环境有严格的要求，而工业用地的基础是路、水、电"三通"，相对比较容易做到；服务业用地有其特殊的社会或自然条件。民以食为天，保住了良好的耕地，就是保住了人民的生活根基和社会的安定。所以农作物用地，特别是水稻田，在我国稻区的"三产"用地布局中要给予优先地位。

我国在县（市）级以上大多开展了土地利用总体规划、城镇（乡镇）发展规划、工业发展规划、农业发展规划（含耕地保护规划）、林业发展规划（含生态规划、湿地规划）、交通发展规划、旅游区发展规划、环境发展规划以及国土发展规划（含重大工程项目规划）等与土地空间相关的许多规划。这些规划在空间布局上会有相互重叠的现象，互相之间存在着矛盾，执行起来有难度。因此，我们要运用"多规融合"的原则和技术，将多种规划融合成一张"三产"用地规划图，又叫"多规合一"。用地规划的主要用途是执行上级规划并下达指标（生产任务），以及确保规划区的各项发展需要。其中对种植业用地，从国家到乡镇"四级"都要严格执行"有规划、保计划、多自主"的原则。这就是在农作物种植适应性规划的基础上，保障人民生活所必需的粮食和主要农产品需求，保证粮食安全和主要农产品的有效供应。

（五）创建"四级五融"信息农业管理体系

遵循现代农业产业特征，聚集和调动全国力量，打通科研、推广、培训与农业生产发展之间的通道，实施网络化的"四级五融"信息农业管理体系，才能全面实现信息农业，加速农业的大发展。这是实施信息农业的组织管理保障，也是建立全国网络化的农业电商服务系统的基础。

（六）农业信息系统概念框图（以种植业为主）

针对我国的农业生产现状，我们提出由十大专业信息系统集成的农业信息系统概念框图（以种植业为主，见图1-1）。

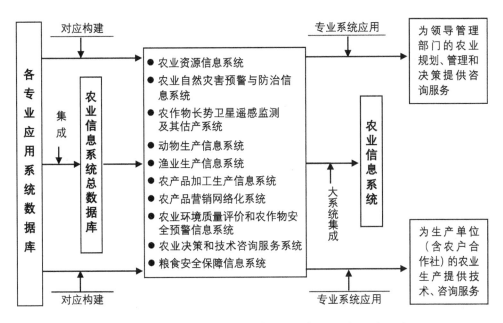

图 1-1　农业信息系统概念框图（以种植业为主）

（七）农业信息系统总数据库概念框图（以种植业为主）

农业信息系统总数据库，也叫信息农业数据库系统。以种植业为主的农业信息系统暂分为十大专业信息系统（或称应用系统）。图 1-2 就是由初步建成的十大专业信息系统的数据库融合集成的农业信息系统总数据库概念框图（以种植业为主）。

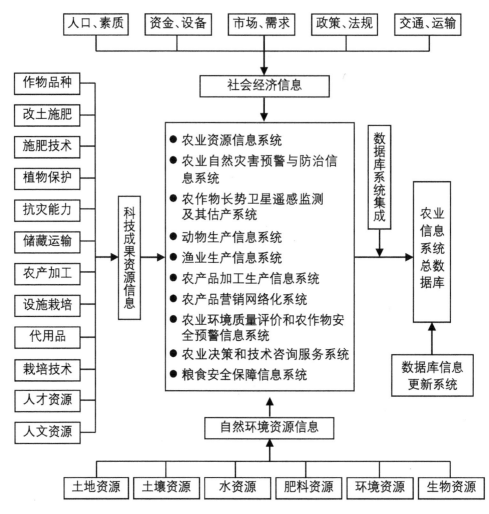

图 1-2   农业信息系统总数据库概念框图（以种植业为主）

四、十大专业信息系统的研究现状和设想（以种植业为主）

根据我国的农业发展现状，结合国内外的研究进展，我们提出以种植业为主的十大专业信息系统，作为近期农业信息化的优先研发与推广内容。随着农业信息化的建设与发展，其内容还会不断增加与细化，直至完全满足"三产"融合发展模式的需求。

（一）农业资源信息系统

农业资源应包括生物资源和环境资源，生物资源主要利用国家生物种质资源数据库。这里讲的农业资源主要是指农作物生长发育的自然环境资源，包括土壤、土地、肥料、气候和水资源。实施信息农业要尽量挖掘、提高农业资源的生产潜力，最大限度地提高农业资源在农业生产发展中的经济效益，并可持续利用。这是快速和持久地提高农业收入的基础，也是改善农民生活的最为主要的途径。

我们已经研制出的农业资源信息系统有：浙江省红壤资源和海涂土壤资源（浙江省耕地的两个主要后备土壤资源）两个信息系统；水稻和玉米两个施肥信息系统。另外，为了合理利用和管理浙江省土壤资源，我们研制出浙江省土壤资源数据库和土地资源数据库等。在农业信息化建设过程中，对原有的信息系统进行信息更新和补充，经过推广应用研究可供运行。有关土地资源信息系统及其数据库，研究的内容广、成果也多，多数研制成果都在相关部门或公司中推广应用了。而把多种用地规划图融合成一张图，则需要运用"多规融合"技术。我们也已经做了政策性的探索研究，取得了比较好的成果。

我们还对水资源和气候资源进行了探索性研究。其中，水资源研究主要是针对浙江省金衢盆地的严重秋旱，选择了一个封闭式的红土丘陵小流域，进行"区域农田水分平衡模拟和水资源优化利用研究""低丘红壤水分特性和农田作物水分模拟信息系统研究"，其成果为水利建设和农作物合理布局，以及给农作物科学用水提供了科学依据。气候资源研究是针对丘陵山区地形复杂、温度空间变幅大以及我国气象观察站数量少等问题，利用少量气象站的历年观察数据，研制出气温推算数学模型，绘出气温空间分布图，为合理的作物布局及抗旱工作等提供参考。最后，我们在浙江省杭州市萧山区初步完成了县级农业资源管理信息系统。

（二）农业自然灾害预警与防治信息系统

农业自然灾害包括病虫害、气象灾害、地质灾害和水利灾害等。其中病虫害有各种农作物的多种病害和虫害；气象灾害有水灾、旱灾、台风和冷害、热害等；地质灾害有水土流失、山体滑坡、泥石流以及地震等。农业自然灾害往往是突发性的，对农业生产威胁很大，甚至会造成绝收。农业自然灾害预警与防治信息系统，不仅要在灾前预报灾情的发生，还要预测灾害程度；灾害发生过程中要监测灾情发展趋势，并提出抗灾的措施，以及如何组织抗灾；灾后要以最快速度做出灾情评估，提出针对性的补救措施，使灾害损失降到最低。

特别要研究灾害的发生规律及防治之法。有的灾害，初期是点状发生，例如，农作物病虫害初发期的症状是点状，比较隐蔽，较难发挥卫星遥感技术的作用，全面研究的难度比较大，加上缺乏专业人才、申报项目难等原因，我们只做了一些初步的探索性的研究。已经完成的有：水稻主要病虫害监测预警系统，草地、小麦、土壤水分遥感监测系统，新疆农业生产气象保障与服务系统，中国南方稻区褐飞虱灾变分析与预警系统，旱涝灾害监测技术（厅校合作获国家科技进步奖二等奖）。此外，还有山体滑坡、水土流失的探索研究等。

（三）农作物长势卫星遥感监测及其估产系统

广义的农作物包括粮食作物、经济作物等。其中粮食作物有水稻、小麦、玉米等；经济作物有棉、麻、蔬菜、果木、茶叶、蚕桑、药材等。种植业（主栽农作物）是近期农业信息化的主要研究内容。

我们抓住我国南方主栽粮食作物水稻，开展水稻遥感估产系统研究，争取到国家"六五""七五""八五""九五"四个五年计划的国家攻关、重大专项、重点项目，支撑计划，以及国家基金和国际合作等 20 多个课题，坚持连续 20 年不间断地研究，历经水稻遥感估产的"预试验""技术经济前期""技术攻关""运行系统"等四个研究阶段，完成了"浙江省水稻卫星遥感估产运行系统"。该系统经过 4 年共 8 次的早、晚稻的估产试验，估测种植面积精度达到较高水平，早稻 89.83% ~ 96.38%，晚稻 92.30% ~ 99.32%；估测总产精度早稻 88.34% ~ 95.40%，晚稻 92.49% ~ 98.14%，每次估产都超过世界水稻卫星遥感估产的最高精度。我们还得到中华农业科教基金资助，撰写了《水稻遥感估产》专著。该系统还具有水稻播种进度和水稻长势的监测功能，以及一般灾情监测等功能，可为大田检查、指导和救灾等提供可靠的信息。

农作物的种类非常多且复杂，除水稻、小麦，我们还对棉花和果蔬类、花卉类做了一些基于光谱及其成像技术的探索性研究。其中在杭州吉天农业开发公司、杭州萧山九清农业开发有限公司和杭州萧山老虎洞茶厂，做了蔬菜、茶叶的信息化技术应用研究，完成了蔬菜流通信息化和安全生产溯源系统；在萧山区花卉协会做了花卉产业信息化技术应用研究，完成了花卉苗木病虫害网络诊断专家系统；在杭州市临安区做了山核桃信息化管理示范等。

（四）动物生产信息系统

动物生产的种类包括家畜、家禽和特种动物等。我们合作开发了生猪养殖数据管理系统，其中猪场视频监控系统可以通过网络实时监控猪场的各个环节；生猪溯源系统，可以跟踪生猪从出生到上市的全过程，为保证猪肉食用安全提供检查条件。

（五）渔业生产信息系统

渔业生产包括淡水鱼虾和海水鱼虾等。我们合作研发了"农田对虾养殖信息化技术应用"系统，完成了农田养殖场信息采集仪器的研制、计算机 WebGIS 软件平台开发以及示范等。

（六）农产品加工生产信息系统

农产品加工包括粮食、果蔬、家畜、家禽、水产类等的初加工生产。农产品加工是信息农业（具有农业农村特色的工业）的重要内容，发展前景很广。

（七）农产品营销网络化系统（农产品电商服务系统）

农产品营销包括粮食、果蔬，以及家畜、家禽、水产类的农产品等生产内容。

我们在"三网合一"基层农村综合信息服务平台的智能终端接入方式、边缘传输服务器（局域网终端用户接入方式）、基于以互联网为主的综合信息服务平台、交互式农民培训系统等方面做了一些基础工作，为农户（合作社）的产品营销建立电商服务系统，农产品脱销和滞销信息系统，并为与浙江省商品网销系统接轨创造条件。

（八）农业环境质量评价和农作物安全预警信息系统

农业环境质量评价，包括土壤、水和大气及其综合的农业环境监测与评价等；农作物安全预警信息系统，包括粮食、家畜、家禽，以及蔬菜、果品等的食品安全监测。

我们已经做的有：农业环境评价信息系统，北京环境生态监测系统，农田（地）环境污染监测与评估系统，以及农产品流通信息与安全溯源系统。其中农田（地）环境污染监测与评估系统工作做得比较好，能动态监测水、土、气等农田（地）环境污染并评估其对农作物的危害状况，及时向管理部门提供信息情报，并可提出改良、改进措施，为改善人民生活质量、改变生产环境服务，为食品安全提供保障。

（九）农业决策和技术咨询服务系统

农业决策和技术咨询服务系统包括农业区划和农作物

合理布局、农业园区建设与管理、农业生产管理和农业专家咨询服务系统、农业决策支持系统等。

我们做了浙江省、衢州市、龙游县的三级农业区划（浙江省科技进步奖二等奖的内容之一），农业高科技示范园区管理信息系统（浙江省科技进步奖二等奖），柑橘优化布局与生产管理决策咨询系统。另外，还开展了萧山区（县级）综合信息化服务平台，示范企业、协会的信息化平台研发，以及农业信息化模式等的探索性研究。

（十）粮食安全保障信息系统

"民以食为天""手中有粮，心中不慌""只要肚皮吃饱了，什么事情都好办""饭碗主要装中国粮"等名言，充分说明粮食安全在国计民生中的重要性。特别是我国人多地少，粮食安全保障和主要农产品的有效供给，既是信息农业的重要内容之一，又是国家安全的内容之一。粮食安全保障信息系统包括粮食需求量预测、耕地总量动态平衡监测、粮食市场预测与跟踪监测、粮食安全生产和保收减灾技术、科技动态及其生产潜力的预测与跟踪监测，以及粮食生产的基础性研究等内容。

粮食安全保障的核心是粮食，而粮食的基础是耕地。所以，我们在浙江省土地详查过程中，提出了耕地总量动态平衡，即在任何时候都要保证有足够的耕地数量，能够满足全国人民的需求。我们已建立起由耕地数量、耕地质量、时代变化（生产能力与水平）和区域差异（地区间适宜发展方向的协调）四个变量构成的函数模型，还完成了耕地质量评价系统，为耕地总量动态平衡提供了科学技术参考。

从理论上讲，如果要实施信息农业，就要研制出所有影响农作物生产因素的专业信息系统，研制周期长达10～20年。但是，根据我们的实践，可优先完成土壤信息系统和施肥信息系统，其他因素专业系统，可逐步增加、完善。

最后，我国塑料大棚、设施农业等的出现是农业工业化的雏形，也就是网络化的融合信息农业模式向着工业化的融合信息智慧农业模式发展的萌芽，是信息农业工业化、智能化升级的开始。我们在这方面也参与做了一些工作，其中有设施栽培物联网智能监控与精准管理关键技术与装备（浙江省科学技术奖一等奖）、植物—环境信息快速感知与物联网实时监控技术及装备（国家科技进步奖二等奖）。

第二章 信息农业的内容及研究现状

　　本章在现代农业产业特征的创新性认识基础上，研究提出：①实施信息农业的基础（前期）工作，要求建成专业化规模经营效益最大化的标准农田（地）；②实施信息农业的核心内容包括众多专业应用系统、乡镇农业发展模式（构建产业体系）、乡镇农产品生产模型（构建生产体系）、农作物长势卫星遥感监测及其估产系统（先做主栽粮食作物）；③农业自然灾害预警与防治信息系统；④信息农业管理体系（构建经营体系），因其内容较多而另列一章（第三章），详细介绍信息农业管理体系的核心内容。

研究信息农业模式，实现我国农业现代化，完全符合"要以构建现代农业产业体系、生产体系、经营体系为抓手，加快推进农业现代化"，走"新型农业现代化道路"和"现代农业发展道路"等新要求。研究并实现农业现代化的改革完全契合 2019 年 1 月 28 日中央全面深化改革委员会第八次会议提出的"多抓根本性、全局性、制度性的重大改革举措，多抓有利于保持经济健康发展和社会大局稳定的改革举措，多抓有利于增强人民群众获得感、幸福感、安全感的改革举措"的改革精神。

信息农业的内容，应包括"产业体系、生产体系和经营体系"三方面内容，但在具体执行时，还要根据大农业大产业的特征分解成：①实施信息农业的基础（前期）工作。②信息农业的核心内容及研究现状。③农业自然灾害预警与防治信息系统。④信息农业管理体系。

一、实施信息农业的基础（前期）工作

实施信息农业的前期工作，要先把农户经营的土地流转到乡镇集体，实现专业化、规模化经营，实现因地制宜的规模经营效益最大化。在做好基础工作时，要加强顶层设计，并与各级的农业发展规划有序衔接，发挥各级农业管理部门的职能、技能优势，以及能有序地拓展扩大农业经营内容等。因此，国家、省（区、市）、县（市、区）和乡（镇）都要做到：①最佳地发挥因地制宜的最大效益；②严格执行"有规划、保计划、多自主"的信息化用地布局原则。具体的基础工作简述如下。

（一）土壤调查制图和土壤利用区（规）划

利用卫星影像资料进行国家（1 ∶ 100万）、省（区、市）（1 ∶ 50万）、县（市、区）（1 ∶ 5万）的土壤调查，乡（镇）（1 ∶ 1万或1 ∶ 5000）的土壤详查，要求查清土壤类型及分布（制图），查明影响农业利用土壤的障碍因素。首先，乡镇要查明土壤理化性质（养分及可利用状态）；其次，提出排除土壤农业利用障碍的技术措施；再次，做好排除土壤障碍工作，例如低产（地）改良，低产地要达到高标准农田（地）的水平；最后，完成土壤利用适宜性区（规）划图等。

（二）土地利用现状调（详）查

要求查清土地利用现状及其分布，并绘出现状分布图（比例尺与土壤图相同）。要求查出具有地方特色的效益高的作物，查清种植业的利用障碍因素等。配合土壤利用区（规）划图，逐级完成不同级别的土地利用总体规（区）划图。乡镇土地利用总体规划图的界线，要求落实到地面，并要划出耕地、绿地、城建"三条红线"。国家、省（区、市）、县（市、区）都要在确保国家粮食安全和重要农产品有效供给的生产计划指标的基础上，结合自身需求确定计划指标，逐级因地制宜地科学分解下达。乡（镇）必须完成下达的计划指标，再结合自身需求确定有地区特色且效益高的"三产"发展计划及其用地布局。

（三）信息农业用地布局

国家、省（区、市）、县（市、区）都要严格执行"有规划、保计划、多自主"的原则，因地制宜地完成信息农业用地布局。特别是乡（镇）要在确保计划任务的基础上，结合自身需求，逐步地挖掘、发挥自身优势，做好乡镇用地布局图，并落实到田（地）块。

（四）研究现状及水平

实施信息农业的基础及核心技术是：①土壤资源研究，主要是土壤资源调查与制图及农业利用区划或规划等；②土地资源利用现状调查与制图及利用区划或规划等。这两项技术都是浙江农业大学土壤农化专业和土地管理专业的主要生产技能课的内容，教学与科学研究也都积累较多。其中，土壤资源利用研究曾获省部级科技进步奖一等奖3项、二等奖4项。由俞震豫主编的《浙江土壤》，是"浙江省土壤资源调查研究"的主要内容，也是浙江省首部系统的、完整的土壤科技著作；由笔者主编的《土壤调查及制图》讲义，被用作《土壤调查及制图》国家统编教材的蓝本。最后特别要提一下的是：笔者运用航空相片和卫星系列影像图作为工作底图的系列性的长期研究，研制出详细、大、中、小四级比例尺的土壤调查制图的技术方案，解决了土壤调查制图因重复性差和质量差而缺乏科学性和实用性等难题，改变了土壤图"花花绿绿、墙上挂挂"的现象。土地资源利用现状调查研究曾获浙江省科技进步奖一等奖 1 项，二等奖 2 项。其中，《浙江土地资源》是浙江省科技进步奖一等奖的主要内容；也是一部有探索性的、创新的、系统而完整的浙江省土地科技专著；土地利用总体规划的技术开发与研究获浙江省科技进步奖三等奖等。

最后，重点提出以下研究成果：由朱祖祥主编的《中国农业百科全书》土壤卷；孙羲主编的《中国农业百科全书》农业化学卷；朱祖祥主编的《土壤学》第一版获国家教委优秀教材奖，第二版获全国普通高校优秀教材一等奖，第三版是国家"十一五"规划教材；笔者的《农业资源信息系统》是农业部主持的新编高校通用教材，教育部批准为"面向 21 世纪课程教材"，该教材的第二版是全国高等农林院校"十一五"规划教材，第三版是全国高等农林院校"十二五"规划教材。

由上可知，浙江农业大学土壤农化系的土壤学、土地学、农业化学及其信息技术应用的科技水平达到国内先进，部分达到国内领先，国际先进并有多项特殊贡献。现有研究成果与水平完全能满足实施信息农业的基础工作的技术需求。

二、信息农业的核心内容及研究现状

信息农业的核心内容，就是实施信息农业、直接生产物质财富以及与其密切相关的专业应用系统、发展模式、生产模型、农作物长势卫星遥感监测及其估产信息系统等四个方面。①专业应用系统。该系统是根据影响农业生产发展的众多因素分别研制而成的。所以，从理论上讲，要研制每个影响因素的专业应用系统。因此，该系统不仅数量多，而且为适应不同区域，技术含量也很高，是研制发展模式和生产模型的主要信息源。②发展模式。现代农业的发展是以农业为主，与工业、服务业融合发展的模式，大致相当于构建产业体系。③生产模型。它是农产品的生产技术优化规范流程模型的简称，大致相当于构建生产体系。生产模型是生产各种农产品的技术核心。④农作物长势卫星遥感监测及其估产信息系统。该系统运用卫星遥感技术获取农作物的长势信息，包括播种及进度、面积、水分、养分、灾害等信息，它也是信息农业获取田间及管理信息的主要手段。因此，它与农作物的产量、质量和防治灾害等密切相关。特别是在农作物生长的中、后期估测产量，以及对相关农业的安排，对农产品的调配和对外贸易等都有很大的作用，故将它列为"核心内容"。

（一）专业应用系统的概念、实例和研究状况

1. 专业应用系统的概念及分类系统举例

专业应用系统或称专业应用信息系统。专业应用系统是在农业信息系统中针对所有影响农业生产发展的环境和人为因素的、直接用于农业生产的专业信息系统的总称。例如，影响农作物栽培的因素有：土壤、肥料、气候、水源、品种（种子）、栽培（密度与技术）、植物保护、农业机具和仪器仪表、经营管理等专业应用系统。因此，它应该有一个由不同专业的性质、内容而定名的信息系统，建成一个自上而下的分级（类）系统。但是，由于信息农业是一个全新的农业经营模式，尚处在研究实施阶段，系统

分类还处在动态的发展过程。因此，现在要想提出一个科学的分级（类）系统是不可能的。此时只能根据已有认知，提出一个以种植业为主的信息农业的专业应用系统的分级试行方案。专业应用系统与信息系统之间也难以严格区别，至少在目前还处于通用阶段。

农业信息系统（简称总信息系统或总系统），它的分类可根据农业生产的大类或者是影响农业生产的重要因素，分为若干类型的专业应用系统（简称专业系统）。例如，在第一章，信息农业的理论研究与设计问题中的"十大专业信息系统"，就是根据上述原则划分的。在专业系统下面，根据功能类别分为若干分系统，举例如下。

（1）农作物长势卫星遥感监测及其估产信息系统

该系统根据农作物类型分为：粮食作物长势监测与估产信息系统、经济作物长势监测与估产信息系统、其他作物长势监测与估产信息系统等3个分系统。在分系统下面，又可根据作物种类分为若干子系统，例如粮食作物长势监测与估产信息系统中包括水稻长势监测与估产信息系统、小麦长势监测与估产信息系统、玉米长势监测与估产信息系统，以及其他粮食作物长势监测与估产信息系统等子系统。下一层级是针对具体的栽培作物，例如水稻，可细分出早稻、晚稻、单季早稻、单季晚稻和双季稻等，再分别研制出它们的生产技术规范流程模型（生产模型），直接用于组织生产。

（2）农业环境资源信息系统

该系统根据资源类别及其功能分为：土地资源信息系统、土壤资源信息系统、肥料资源信息系统、气候资源信息系统、水资源信息系统、农业环境资源评价系统等 6 个分系统。在分系统下面，又可根据资源的主要功能分为若干子系统。例如土壤资源信息系统可以分为土壤类型及区划信息系统、土壤质量评价信息系统、土壤适宜性评价信息系统、土壤污染评价及其治理信息系统等子系统。

（3）粮食安全保障信息系统

该系统根据影响粮食安全的重要因素分为：粮食需求量预测与耕地总量动态平衡系统、粮食市场预测及动态监测系统、粮食生产安全和保收减损技术系统、科技动态及其潜力发挥预测与跟踪监测系统、粮食生产安全及储存基础研究等 5 个分系统，在分系统下面，又可根据功能分为若干子系统，例如粮食需求量预测与耕地总量动态平衡监测系统分为粮食需求量预测系统、耕地总量动态平衡的实施与监测系统等 2 个子系统。

以上信息系统的分类举例，都是笔者为了说明问题而做的初步分类。正确的系统分类分级，有待信息农业发展到一定水平以后才能提出。

2. 专业应用系统的研究现状及获奖实例

40 多年来，我们已经研制完成以种植业为主的农业信息系统概念框图、农业信息系统总数据库概念框图，并已研发出 20 多个专业应用系统，曾获得省部级以上的科技进步奖和科技成果推广奖共 23 项（含参加协作研究的成果奖励）。其中，国家科技进步奖 3 项，省部级科技进步奖一等奖 3 项、二等奖 11 项、三等奖 5 项，以及国家奖二级证书 1 项。此外，还有通过省部级鉴定的科技成果 7 项。

接下来，笔者将从农业环境资源信息系统、信息农业管理系统、其他农业信息系统研究内容等3个方面，举出3个实例做简要介绍（详见《浙江大学农业遥感与信息技术研究进展（1979—2016）》）。

（1）农业环境资源信息系统

【实例2-1】浙江省红壤资源信息系统

获奖情况

浙江省红壤资源信息系统获浙江省科技进步奖二等奖2项。另外，浙江大学农业遥感与信息技术应用研究所参加协作研究完成的"浙江土壤资源调查研究"，在1990年获浙江省科技进步奖一等奖。

成果展示

1979—1987年，我们运用航、卫片进行小、中、大、详细等四种比例尺的土壤调查与制图技术研究，创造性地提出航、卫片土壤调查与制图技术规范，解决了土壤图的精度差和重复性差的国际性技术难题，大幅提高了土壤图的精确性、可信性和实用性，获浙江省科技进步奖二等奖。该项技术用于浙江省土壤资源普查研究，主要在检查和修正土壤普查成果图以及补充土壤调查等方面发挥了重要作用。

我们运用航、卫片土壤调查技术，进行"浙江省红壤资源遥感调查及其信息系统研制与应用"研究，取得了以下主要成果：①首次提出四级红壤资源分类法；②查明红壤资源的数量与质量及其分布现状，其中特别是查清未利用红壤的分布现状及其空间分布规律和质量情况；③研制出由省级（1：50万）、市级（1：25万）和县级（1：5万）3种比例尺集成的具有无缝嵌入和面向生产单位技术咨询、领导单位决策咨询服务等良好功能的土壤资源信息系统；④研制出容差格网矢量法支持下的智能遥感信息逐步分类技术；⑤研制出县级柑橘选址，以及玉米计量施肥两个具有人工智能功能的咨询系统；⑥开发出气象空间分布模拟等 5 个模型，为实施现代化农业管理提供了技术条件。研制的红壤资源信息系统是国内第一个由省级、市级、县级 3 种比例尺集成的具有智能化性质的土壤资源信息系统，也是国内第一个农业省级、市级、县级领域的信息系统。经鉴定委员会的成果鉴定，结论是：该项研究获得了丰硕的集成性、开创性科研成果，解决了一批关键技术问题，在同类研究中总体水平达到国内领先和国际先进水平。

其他研究成果与内容

环境资源领域的研究内容也是多而广的，其中研究完成的项目选录如下：浙江省海涂土壤资源利用动态监测信息系统；浙江省低丘红壤调查与评价；农业资源信息系统；浙江省土壤资源数据库；浙江省 3 个主要农业地貌区的土壤与稻谷微量元素空间变异规律；"3S" 技术支持下的区域资源可持续利用模式；不同尺度土壤质量空间变异机理、评价及其应用研究；集无人机农田实时信息获取和卫星墒情遥感于一体的多维管理决策系统；浙江省地质环境与农产品安全研究；集车栽农作物冠层养分测试、病虫害无线远程控制系统。

【实例 2-2】土地利用总体规划信息系统

获奖情况

"土地利用总体规划的技术与应用"获浙江省科技进步奖三等奖。另外，浙江大学农业遥感与信息技术应用研究所参加研究完成的"浙江土地资源详查研究"，在1998年获浙江省科技进步奖一等奖。

成果展示

该研究是在执行试点项目——"杭州市土地利用总体规划"（市级)和"温岭市土地优化配置技术开发与应用研究"（县级）过程中进行的。研究目的是研发出杭州市（地级市）和温岭市（县级市）的土地利用总体规划系统。我们运用地理信息系统（GIS）和模拟模型等高新技术，开展了数据库、模型库、方法库和空间分析系统等专题研究，主要创新性成果有：①研发出具有土地数量合理分配和空间优化布局的杭州市土地利用总体规划信息系统、温岭市土地利用总体规划系统；②自行开发了土地利用总体规划信息系统通用软件（ILPIS），作为土地利用总体规划的主要技术工具，在国内外均属首次；③ILPIS中的土地动态仿真系统，可实现土地利用的动态规划，使规划方案具有动态性、弹性和可调节性，以适应不同的社会经济条件和政策水平，并可对规划方案进行跟踪管理和适时调整；④ILPIS中的可能—满意度多目标决策方法，可用于对各种用地进行综合性评判和多目标决策；⑤应用ILPIS进行土地利用总体规划，把数据的定量分析与图形图像的空间分析相结合，具有直观性，使结论更具有可靠性；⑥运用ILPIS完成杭州市土地利用总体规划信息系统。经鉴定委员会鉴定，结论是：该成果具有很高的创新性、通用性和实用性，总体水平处于国内领先地位，达到国际先进水平。

其他研究成果与内容

土地资源信息系统是农业环境资源信息系统中研究数量最多、范围最广，特别是推广应用最好的一项成果。全部研究成果都由土地管理部门或成立专业公司组织推广，大大提高了土地管理水平，取得了很大的经济效益和社会效益。其他研究成果及内容选录如下：土地利用现状调查信息系统；土地利用变化动态监测及其变更调查信息系统；农业、农村、城镇土地分类、定级、评价信息系统；城市、乡镇扩展动态监测及其变更、定界信息系统；耕地分等、定级、估价和耕地动态监测、总量动态平衡，以及基本农田保护管理等信息系统；土地利用管理决策支持系统；基于 WebGIS 的富阳耕地质量查询与施肥咨询系统研制；基于 HTMS 与金属污染可视化评价系统研究；基于 WebGIS 的龙井茶溯源与产地管理系统研究；农业环境评价信息系统。

还有基础性研究内容：中国经济发达地区土地利用变化及其驱动机制与预测模型研究；城乡土地分等定级及其划界的综合因子定界模型研究；土地利用覆盖变化分类研究；各业用地土地适宜性评价及其指标研究；村镇土地空间优化配置研究；湿地动态变化分析及其生态健康评价；水体水质参数遥感及其估测模型研究；工业园区土地覆盖与建筑密度的航空遥感及其适宜配比研究；生态保护红线划定和土地分区（布局）研究；保证粮食安全的耕地保护及其多种规划融合的"三产"用地合理布局的探索性研究。

（2）信息农业管理系统

信息农业管理系统在信息农业中是指：网络化的"四级五融"信息农业管理体系（简称"四级五融"农业管理系统或信息农业管理系统）。国家、省（区、市）、县（市、区）

和乡（镇）四级，根据各级的职能把科技、推广、培训和生产发展融为一体的信息农业管理系统。现今，我们虽已研制出网络化的"四级五融"信息农业管理体系的框架，但需要经过"国家试点"的检验及其充实后才能定论。另外，我们只做了农业生产单位或专业项目的管理系统，例如农业高科技示范区和黄岩柑橘生产管理信息系统。从农业管理来说还是不完整的，有待在农业信息化（工程）建设过程中，通过改革创新，因地制宜地研发出各级信息农业管理系统，再融合集成为网络化的"四级五融"信息农业管理体系。但是，农业高科技示范区和黄岩柑橘生产管理系统，已在生产管理中发挥一定的作用，前者在浙江省园区建设与管理中起到重要作用，获得浙江省科技进步奖二等奖。

【实例 2-3】农业高科技示范园区信息管理系统

获奖情况

农业高科技示范园区信息管理系统获浙江省科技进步奖二等奖。

成果展示

农业高科技示范园区是我国农业信息化发展的重要载体之一，具有高投入、高产出以及物质、能量和信息运转快的典型特征。在信息技术的支持下，大量图件资料通过数字化设备输入计算机，建立园区数据库及其信息管理系统，通过 GIS 强大的空间分析功能，产生各种专题图，为决策者提供全面、丰富和综合的信息，综合提高园区建设、生产管理和经营的技术水平以及示范作用的效果。主要成果有：第一，农业高科技示范园区数据库创建。数据库内容包括：①园区和周边地区的各种图件资料或空间信息，主要有行政图、土壤图、土地利用现状图、地形图、遥感影像资料、园区规划图、绿化带分布图、道路图、地下或地面的灌排水图、地下有线电视管线、路灯管线、通信管线和网络线图等；②农业科技资料有作物品种、作物产量、施肥量、土壤样点测定值、土壤剖面性状、肥料类型、施肥资料、作物和农业景观照片等；③社会经济资料有人口、收入、土地面积等；④经过空间分析形成的各种专题图，如土壤氮、磷、钾、有机质和重金属等空间变异图，作物产量空间变异图等；⑤其他农业园区中的一些企业和产品资料等。第二，农业高科技园区信息管理系统研制。该系统以 ESRI 公司的地理信息系统二次开发软件 MapObjects 为核心，以 ShapeFile 为主要空间数据格式，可实现图形与属性一体化管理，并以 Visual Basic 6.0 为二次开发语言，在 Windows 2000 或 Windows XP 环境下进行开发集成。该系统主要应用于高效、有序地管理园区的资源环境信息、社会经济信息、农业科技信息以及园区的景观作物长势信息等，还可以根据特定园区的具体要求增加一些专业模块，如精确施肥、土壤质量评价等。该系统的主要功能有：①地图发布；②信息更新；③空间和属性信息的查询检索；④决策咨询。

其他研究成果及内容

其他研究成果及内容选录如下：2000 年 7 月通过浙江省鉴定验收的柑橘优化布局及其生产管理决策咨询系统是我国研发的第一个农业管理信息系统；农业园区管理信息系统的构建研究；农业园区管理信息系统；农产品安全基础数据库和决策咨询系统；黄岩柑橘生产管理咨询系统与应用；基于 WebGIS 的现代化农业园区管理系统关键技术

及其应用研究；现代农业示范园区网络化管理信息系统设计与实现；农业养分流失风险评价及养分平衡管理研究。

（3）其他农业信息系统

其他农业信息系统的研究内容，包括生态环境、其他农作物以及设施栽培，获奖成果最多，10项都是浙江大学农业遥感与信息技术应用研究所协作研究完成的。其中，国家科技进步奖2项，省部级科技进步奖一等奖2项、二等奖6项。

生态环境类共9项，分别为：①地表演变时城市热环境的定量研究；②多时空尺度的生态补偿量化研究；③基于GIS的气候要素空间分布研究和中国植被净第一性生产力的计算；④利用生态因子和遥感分区对小麦品质监测研究；⑤基于多源数据和神经网络模型的森林资源蓄积量动态监测；⑥富春江两岸多功能用材林效益一体化技术研究；⑦浙江省农业地质环境与农产品安全研究；⑧农业生态环境评价系统研究；⑨城市生态环境评估系统研究。

其他作物类共8项，分别为：①不同水平油菜氮素含量遥感信息提取方法研究；②基于光谱及光谱成像技术的果蔬类农产品快速分级和品质监测仪器试验；③大型海藻（羊栖菜和石莼）生理生化特性对营养和水流失的环境影响研究；④基于信息技术的枫桥香榧特征分布与适应性研究；⑤面向对象的高分辨率影像香榧分布信息提取研究；⑥香榧资源遥感调查及其生长适宜性评价研究；⑦草地、小麦、土壤水分的卫星遥感监测与服务系统研究；⑧新疆主要农作物与牧草生长发育动态模拟与应用。

设施栽培类，有设施栽培物联网智能监控与精确管理关键技术与装备。

（二）发展模式的概念与实例

1. 发展模式的概念

发展模式是乡镇大农业大产业发展模式的简称，是以乡镇为农业经营基本单位，以"绿水青山就是金山银山"的绿色生态农业理念，挖掘农业农村的生态环境、人文社会和地理区位等优势，因地制宜地建立具有农业农村特色的"三产"融合或城乡融合的可持续的农业发展模式，故也可叫作乡镇农业、产业发展模式。

2. 发展模式的实例

【实例2-4】浙江省金华市石门农场农业生产发展总体规划

1959年，浙江省第一次土壤普查，以及随后的浙江省低产田（地）和红壤改良利用研究，取得成绩。1963年，浙江省提出开展全省低产田（地）改良运动，接着又开展浙江省农业高产样板区建设，其中金华石门农场红土低产区高产样板建设是浙江省规划任务之一，由浙江农业大学土化系负责制定并落实。

1964年，笔者利用浙江农业大学土壤农化专业60级学生的测量课和土壤调查制图课的两个教学生产实习，加上毕业生产实习，用大约半年时间完成石门农场的"农业生产发展总体规划"，其核心内容及效果摘录如下。

石门农场是在冲刷严重的红土低丘陵荒地上开垦的，为直属金华专区的县处级农场。笔者采取的主要措施有：

首先，经过从安地（山地丘陵区）到金华江边（河谷平原）的土壤路线调查，完成 1∶5 万比例尺、以土属为制图单元的路线土壤图，明确石门农场处在山地丘陵与河谷平原之间的红土丘陵。土壤虽受到强侵蚀的影响，土壤贫瘠，土种类型多而交叉分布，处在阶梯地形的中段，因此农业灌溉与排水都方便，依靠山区的水库可以旱改水（旱作改种水稻），特别是农业生产具有非常适合综合经营发展的环境条件。其次，通过石门农场的土壤详查，完成 1∶1 万比例尺的、以土种或变种为制图单元的土壤详图，附有呈现土壤肥力的土壤理化性质分幅详图，以及查明农业生产存在的主要问题等。最后，针对"土壤酸性土宜差、养分贫瘠易缺素，土壤黏重保水差、秋季少雨易干旱，地面起伏大、农作物种植困难多"等发展农业生产的障碍性问题，研究提出农业生产发展规划的第一期措施，归纳为：筛选作物挑品种、利用水库旱改水、种好大麦和绿肥、大力发展养猪场、深耕改土促熟化、科学施肥种绿肥（能固氮的豆科绿肥）、抗旱播种保出苗、综合经营抓特产等一系列的、针对性的、效果良好的配套技术。制定《农场生产发展总体规则》，并执行推广应用以后，石门农场的农业生产有了很大发展：从垦殖后多年都是亏损经营，转变为农业经营后有了盈余；农场基本建设面貌也有了改观，场员的生活居住条件得到了改善。公安部在石门农场召开了全国农垦系统现场会。

【实例 2-5】浙江省杭州市西湖区转塘公社培丰大队农业生产发展总体规划（浙江农业大学综合教学基地建设）

1965 年，浙江农业大学和浙江省农科院分开办学（院），笔者在浙江农业大学任教。1965 年 9 月，笔者接受校党委的指派，在经过"四清"运动的杭州市西湖区转塘公社培丰大队开展浙江农业大学综合教学基地建设，其目的是：加强贯彻教育与生产劳动相结合的教育方针，创建一个大队的农业增产、农民增收的农业高产示范基地；建立一个师生亲临生产第一线的教学基地；为培养出学用一致的人才提供教学基地。

笔者利用浙江农业大学土壤农化专业62级学生的测量课和土壤调查制图课的两个教学生产实习，加上毕业生的生产实习，开展约半年时间的野外工作。首先，完成以1∶5万比例尺的地形图作为工作底图，以土属为制图单元的杭州转塘至淳安县的1∶5万比例尺的路线土壤图，查清培丰大队发展农业的大环境条件。其次，经过培丰大队和坞坞大队两个相邻大队的土壤详查，完成了以航片作为工作底图，以土种或变种为制图单元的1∶5000比例尺的土壤详图，附有表达土壤肥力的土壤理化性质分幅图。最后，结合转塘公社规划制订出转塘公社培丰大队（浙江农业大学培丰大队教学基地）农业生产发展总体规划初稿，其核心内容和效果摘录如下。

培丰大队（教学基地）位于红土丘陵和钱塘江下游冲积平原，以及滨海河口沉积平原的尾端混杂处。土壤母质是第四纪红土风化物和大河下游沉积物、海潮沉积物，并受到相互交叉影响，所以，土壤类型不典型，很复杂，但土层深厚，特别有利于农业生产。影响农业生产发展的主要障碍是：①政府为了稳定粮食产量，强制要求平原区稻田都必须种植双季稻，导致与低丘茶叶生产之间的劳动力冲突、施用有机肥等矛盾非常大。②农民轻粮食重茶叶，把农家有机肥都用到茶山去，稻田土壤有机质含量低，单施化学氮肥，导致土壤缺磷、缺钾严重，易发稻叶褐斑病。③种不好绿肥，农民不能培育土壤，又因缺乏青贮饲料，养猪不多、积肥也少，因此土壤肥力不足。最终导致水稻、小麦产量都低，全年粮食亩产低于800斤（1965年没有超"纲要"），是杭州郊区的低产大队。

针对上述障碍，研究提出培丰大队农业生产发展总体规划的第一期措施及其效果：①种好绿肥。稻田种紫云英，第一年试种，亩产约4000千克，一半用作水稻基肥，一半用作青贮饲料，增加农家养猪数量；茶山种黄花苜蓿，亩产约2000千克，用作茶叶的春季基肥；茶山荒地，春夏种猪屎豆，亩产约2500千克，用作茶叶秋季基肥，把农家的猪厩肥和人粪尿等有机肥移用到稻田里，不但稻田土壤得到护养，还可省去挑肥上山的劳动力。②把强制执行的冬作双季稻三熟制改为冬小麦（或绿肥）单季稻双熟制。试验结果是冬小麦亩产200多千克、单季稻450多千克，全年650千克以上，比三熟制增产62.5%，特别是有效地解决了春茶采制与早稻种植、秋茶采制与晚稻种植两个时期的劳动力大冲突。③茶叶是培丰大队唯一的重要经济作物，因栽培技术落后，产量不高，制茶技术差，质量也不高。我们采取茶地更新，以及其他多项技术改革和推广新技术，除茶地更新未发挥作用，其他新技术都显示出很好的效果。④大力鼓励竹编副业的发展。培丰大队的农家屋后都有一块小竹园（自留地），为适应杭州市居民和水果店的需要，发展用竹子编菜篮子和水果篮子的传统工艺，这不仅是农民的重要副业，也是农民重要的生活费用补贴。我们通过提高编篮子的技术水平、扩大规模、增加编制种类等，增加农民收入。⑤试种香根草成功。香根草的经济价值较高，杭州香料厂全包收购香根草。它的扩大种植确实是增加农民收入的一条途径。⑥规划在低山与红土丘陵的交界处、相对较陡的坡地发展果树。⑦推广紫云英的青贮饲料制作、稻谷浸种催芽、尼龙育秧、马路秧田等新技术，取得了良好的效果。

教学基地建设工作的进程很顺利，深受公社、大队干部和社员（农民）的欢迎。这个实例与信息农业的发展模式相比，虽不完整、不典型，但是，如果教学基地建设持续推进，其发展结果将与乡镇发展模式相似，可以看作发展模式的雏形。

3. 构建（大农业）发展模式

从相关的专业应用系统中获取最佳理念、最优技能和最好方式，以及高效益的管理（经营）等信息，挖掘农业农村的人文社会、环境生态、地理区位等资源优势，并调动和凝聚人才，因地制宜地研制并确定具有农业农村特色的"三产"融合发展或城乡融合发展的大农业发展模式（见图2-1）。

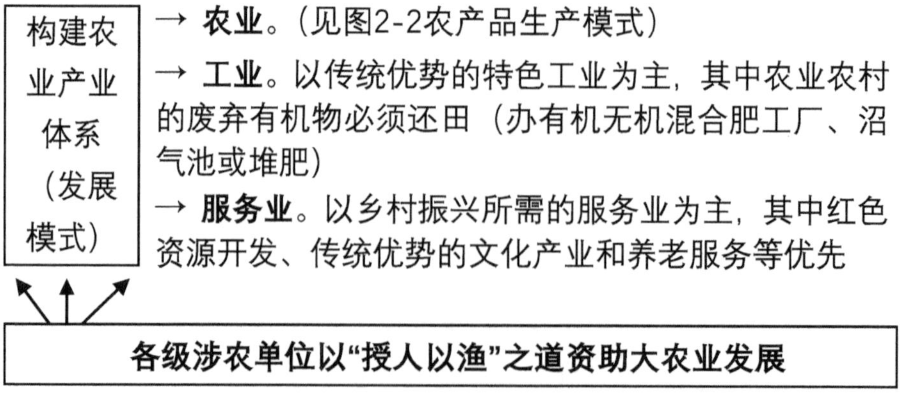

图 2-1　大农业发展模式

（三）生产模型的概念与实例

1. 生产模型的概念

生产模型可以叫作农产品的生产模型。它的全称是农产品的生产技术优化、规范流程模型，或者称某农产品的生产技术规范流程模型。它类似"早稻省肥高产栽培及其诊断技术"或"农作物的高产优质栽培优化方案"等。它是以获取某农产品的最佳质量、最高产量、最低成本为中心；以最大程度地适应当地生产某农产品的自然环境、人文社会和科技水平为条件；生产出产品安全、资源节约、环境友好的，以及技术密集的某农产品的生产技术优化、规范流程模型。由此可知，有多少农产品就有多少个生产模型，而且该模型还会因气候、地区等生产条件的差异进行修改调整。生产模型是由具有农业遥感与信息技术知识的农技员、相关农产品的专家，以及从与农产品生产相关的专业应用系统中，获取最佳的理论、最优的技术与最好的方法，并吸取当地的生产经验与教训等，研制出的某农产品的生产模型。

2. 生产模型的实例

农产品的生产模型，至今还没有完整的实例，因此，只能举出早稻省肥高产栽培及其诊断技术研究成果，把它用作"早稻生产模型"加以说明。即使它不是一个完整的"早稻生产模型"，甚至作为"早稻高产优质栽培优化方案"也不够全面，但它是一个针对低产田改良后而设计的多种技术综合应用的研究成果，可以说是"早稻生产模型"的雏形。因此，在论述"水稻生产模型"之前，要先介绍低产田的改良及其效果。

（1）低产田改良及其效果概要

在介绍早稻省肥高产栽培及其诊断技术研究（简称早稻生产模型）前，先简单介绍一下低产田改良研究概况。研究在浙江省富阳县大源区（相当于现在的乡镇）塘子畈进行，当地有"塘子畈要高产，比牵牛上树还要难"的说法，是浙江省有名的低产畈之一。试验田的土壤是富春江河谷平原牛轭湖沉积物发育的潜育性水稻土亚类、烂泥田土科（属）、青泥田土种。形成低产的主要土壤因素是：①土壤积水低湿，透气通气性差，以及还原性铁等含量高，加上土壤缺磷又缺钾，水稻易发糊田稻叶褐斑病。②早春土壤温度低且湿度大又缺磷，水稻返青慢、分蘖难，容易发生早稻缺磷障碍。③土壤的积水低湿障碍，经过整理排灌系统，实现排灌通畅、旱涝保收等。1972—1974年，低产田改良的主要措施是磷肥拌种，种植可以固氮的绿肥（紫云英），亩产从几十千克提高到4000千克以上。早稻亩产从150～200千克提高到342.9～427.0千克，改良效果极为明显。

（2）"早稻生产雏形"设计概要

1975—1979年，早稻省肥高产栽培试验（早稻生产雏形）的技术设计要点是：①根据水稻的生长规律和生理特征，以及黏湿通气差的土壤，采取干湿交替的灌溉技术，培育出健壮而庞大的、吸肥能力很强的水稻根系，提高肥料的利用率，减少肥料的流失和发挥土壤潜在肥力。②根据日本松岛省三的水稻产量形成原理，保证分蘖期（保穗数），重点是第二次枝梗分化期（增加二枝梗保粒数）、灌浆期（保粒重）的充足养分和水分，取得以增加枝梗数为主的，最佳的穗、粒、重的优化结构而获得优质高产。③早春土温低，水稻分蘖慢而难，为了争取季节，采用每亩插足30万株苗，要求每株稻苗至少1个有效分蘖，确保生产每亩60万以上的健壮稻穗。④运用水稻营养综合诊断技术，做到看苗、看土、看天、精准施肥等。

（3）"早稻生产雏形"效益概要

据1979年的试验结果统计：①早稻亩产从1975年的427千克，提高到800多千克，试验基地达到930千克。如果采用完整的"早稻生产模型"进行模式化精细栽培管理，完全可以达到1000千克（双千斤）。②省肥、节水和减轻病虫害的效果显著，每斤硫铵生产稻谷的数量从1.14千克提升到2.61千克，打破了我国当时最高纪录1.75千克，节水与减少病虫害因非研究内容，无记录而不能用文字说明，但效果还是十分明显的。③每年绿肥亩产都在4000千克以上，一半用作早稻基肥，一半制作青贮饲料，供养猪用，养猪业得到很大发展，大量增加猪厩肥，能达到保护和提高土壤肥力的效果。

3. 构建（农产品）生产模型

根据发展模式确定的农产品，再从相关的专业应用系统中，获取生产各种农产品的最佳理论、最优技术和最好方法，因地制宜地研制并建立各种农产品的生产模型（见图2-2）。

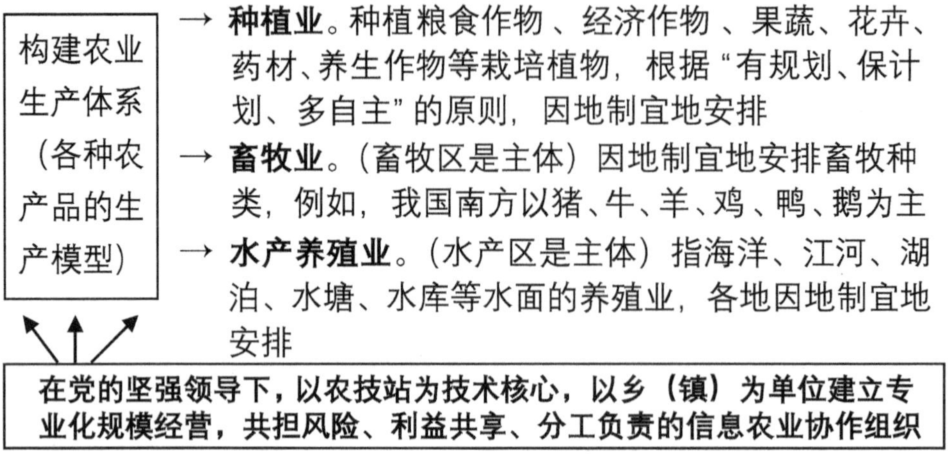

构建农业 生产体系 （各种农 产品的生 产模型）	→	**种植业**。种植粮食作物、经济作物、果蔬、花卉、药材、养生作物等栽培植物，根据"有规划、保计划、多自主"的原则，因地制宜地安排
	→	**畜牧业**。（畜牧区是主体）因地制宜地安排畜牧种类，例如，我国南方以猪、牛、羊、鸡、鸭、鹅为主
	→	**水产养殖业**。（水产区是主体）指海洋、江河、湖泊、水塘、水库等水面的养殖业，各地因地制宜地安排

在党的坚强领导下，以农技站为技术核心，以乡（镇）为单位建立专业化规模经营，共担风险、利益共享、分工负责的信息农业协作组织

图 2-2 农产品生产模式

（四）农作物长势卫星遥感监测及其估产信息系统研究

【实例 2-6】浙江省水稻卫星遥感估产技术攻关及其运行系统获奖情况

在持续 20 年的研究过程中，浙江省水稻卫星遥感估产技术攻关及其运行系统研究曾获国家科技进步奖三等奖（五级制），农业部科技进步奖二等奖，浙江省科技进步奖二等奖 2 项和三等奖 2 项，共获奖 6 项（次）。

成果展示

水稻遥感估产研究的时间最长，自 1983 年一直到 21 世纪，专项研究成果获奖最多。水稻遥感估产研究经过水稻遥感估产预试验、水稻遥感估产技术经济研究、我国南方水稻遥感估产技术攻关研究、浙江省水稻卫星遥感估产运行系统研究及其验证试验等阶段。其中前三个阶段，取得一系列关键技术突破创新的有：①水稻遥感估产农学机理研究。以卫星遥感监测水稻氮素营养水平及其与群体数量的相关性为突破口，揭示了卫星遥感的光谱信息的某些"参数"与水稻长势、产量之间有很高的相关性。②水稻区分类（层）技术。研制出4种稻区分类技术。③稻田信息提取技术。研制出4种稻田信息提取技术，其中以水稻土的土壤分布图为基础的信息提取精度最高，并建立了稻田面积遥感监测信息系统。④水稻单产估测建模技术。研制出4类2种单产估测模型，其中在结合农作物常规估产模型的基础上，研制出的Rice-SRS模型的估产精度最高。⑤气象卫星遥感估产技术。提出以像元为单位的气象卫星水稻遥感估产模式等，解决了一批水稻遥感估产的特殊难题及其关键技术，为建立省、县、乡三级水稻遥感估产运行系统提供了技术条件。

1999—2002年，浙江省开展水稻卫星遥感估产技术攻关及其运行系统和应用基础研究，其中1997—1999年是"系统运行试验"阶段；1999—2002年是省长基金资助的"系统验证试验"阶段。为了解决估产成本与估产精度之间的矛盾，研发出能实际运行的水稻卫星遥感估产系统，我们综合运用卫星遥感技术和地理信息系统、全球定位系统、模拟模型、计算机网络等信息技术，以及融合农学的作物估产模式，研制出浙江省水稻卫星遥感估产运行系统（简称运行系统）。每年水稻估产费用从198万元降至5万元；4年8次早、晚稻的平均预报精度为种植面积93.12%，总产92.18%。特别是每次的估测精度都较大超过国内外其他同行利用卫星资料进行遥感估产的预测精度。研究成果具有科学性、先进性和实用性。经鉴定委员会鉴定，结论是：该项成果的总体水平达到同类研究的国际先进水平，其中多项技术综合集成和遥感定量化技术的应用研究成果有明显创新，具有独到的贡献。鉴定委员会一致同意通过该成果的鉴定。建议有关部门继续支持开展水稻遥感估产技术的深化应用研究和完善业务化运行系统，尽快在省内外推广应用。该成果的"攻关技术"研究内容已编入1993年《中国科技成果大全》。

研究的不足及展望

浙江省水稻卫星遥感估产运行系统研究成果还存在以下不足：估产精度的稳定性欠佳（运用我国资源卫星和北斗卫星定位系统会改善稳定性）；水稻营养卫星遥感诊断技术还处在地面水平；没有研发出专用软件等影响研究成果推广。对此，我们做了以下研究：① 2003—2007 年，用MODIS 卫星替代 NOAA 卫星和用 MODIS 数据更新 Rice-SRS 模型，进行提高水稻卫星遥感估产的稳定性研究，其结果是估产稳定性平均提高 5.3 个百分点，每次估产精度都在 94% 以上。以上研究成果经过湖南省水稻卫星遥感估产系统研究，平均估产精度提高到 95%。② 2010—2014 年，开展基于数字图像和基于机器视觉技术的水稻氮、磷、钾营养诊断研究，都取得良好的、有一定参考价值的诊断指标。水稻遥感估产和长势监测的专用软件开发是今后重点研究内容。还有，2006—2008 年，我们已经做过运用微波遥感技术进行水稻面积提取的试验，证明其有很大优越性，只是估测成本太高，但也是今后的研究内容。

应用基础及方法研究

卫星遥感技术在农业中的应用是研究的基础。我们先是在水稻长势监测与估产研究过程中开展卫星遥感的应用研究，研究证明：地物光谱特性及其变化规律是开展卫星遥感信息在农业上应用的理论依据。研究不同地物或相同地物处于不同形态时，用其光谱变异性及其研发的参数（或叫光谱变量）来识别地物是遥感科学的基础。

　　从大量的应用基础及其方法研究项目中选录如下：水稻营养氮素水平与光谱特性研究；遥感提取不同氮素水平的水稻信息研究；光谱遥感诊断水稻氮素营养机理与方法研究；不同氮、磷、钾营养水平的水稻叶片及冠层的光谱特性研究；基于高光谱成像技术的作物叶绿素信息诊断机理与方法研究；水稻高光谱特性及其生物理化参数模拟与估测模型研究；水稻 BRDF 模型集成与应用研究；水稻生物物理和生物化学参数的光谱遥感估算模型研究；水稻双向反射模型及其应用研究；植物叶绿素荧光被动遥感探测及应用研究；基于 PROSPECT-PLUS 模型植物叶片多种色素高光谱定量遥感反演模型机理研究；不同土壤（含诊断层）的光谱特性及其在土壤分类中的应用研究；土壤有机质含量高光谱预测模型及其差异性研究；基于土壤可见—近红外光谱数据库的土壤全氮预测模型研究；河口水库悬浮物的光谱性质及浓度遥感反演模型研究；水库水体叶绿素 α 光学特性及浓度反演研究；基于 Montcavb 方法的水体二向反射分布函数模拟；基于神经网络和支持向量机的水稻信息提取研究；MODIS 数据提高水稻卫星遥感估产精度稳定性研究；MODIS 数据更新 Rice-SRS 的水稻估产研究；区域性冬小麦籽粒蛋白质含量遥感监测技术研究；农作物群体长势遥感监测及参量空间尺度问题研究；基于遥感数据的作物长势参数反演及其作物管理分区研究；基于 MODIS 和气象数据的陕西省小麦和玉米产量估算模型研究；等等。

三、信息农业的自然灾害预警与防治信息系统

农业自然灾害的种类很多、影响范围也很广、危害严重，有时甚至会导致受害田地绝收。各种灾害严重影响农业经济的快速稳健发展，进而影响农民增收及农村的建设与发展。农业自然灾害预警和防治信息系统非常复杂，不仅技术要求很高，而且有关地球表面的研究难度也很大。仅仅依靠农村农民的力量完成研究是不可能的，必须由国家组织力量。首先，要拿出"修补地球"的精神。例如，为了南北交通运输，开挖京杭大运河；新中国成立后，为了充分利用和调配水资源，以及防治水害等，完成了南水北调伟大工程，以及大量的大、中型水库发电站和山塘，水库和水塘，河道堤坝，等等。其次，要发挥我国"集中力量办大事"等制度优势。在党的坚强领导下，由国家主持、组织全国力量，依靠技术力量，运用以卫星遥感为主的高科技，结合常规技术，分别开展农业自然灾害预警和防治信息系统研制，把农业自然灾害的损失降到最低，而且随着研究的深入和经验的积累等，其预警和防治效益会愈来愈高。具体建议如下：

农业农村部组织开展农产品生产的虫害、病理和生理等灾害的预警和防治信息系统的研制及其推广应用；自然资源部组织开展农业自然资源信息系统的研制及其推广应用，以及土地资源利用动态监测信息系统的研制与应用；水利部组织开展特大的区域性洪涝预警与防治信息系统研制，以及全国和大区域水资源平衡与调配信息系统研制及其推广应用；气象局组织开展热旱、冷害、台风、洪水等灾害的预警与防治信息系统研制及其推广应用；地质矿产局组织开展

农业地质灾害预警与防治信息系统研制及其推广应用；生态环境部组织开展水、土、气的污染预警与防治信息系统研制及其推广应用，生态环境动态变化评价信息系统研制与应用；自然资源部组织开展土地利用动态变化监测及评价信息系统研制与应用等。这种分工协作也是我国达到基本工业化后，走出"授人以渔"的助农之道的重要组成部分，其意义十分重大。

【实例2-7】浙江省实时水雨情WebGIS发布系统

获奖情况

浙江省实时水雨情WebGIS发布系统获浙江省科技进步奖二等奖（浙江大学农业遥感与信息技术应用研究所史舟参加水利厅协作完成）。

成果展示

地理信息系统（GIS）能够高效快速地展示、管理和分析各类空间数据。将GIS技术与水雨情信息采集系统相结合，并辅助以各类水利工程数据和水利专业模型，为防汛指挥部提供多方位的参考数据。同时，对各种水利信息进行深层次的分析，使系统具有决策辅助支持能力，为防汛指挥调度建立基于Web技术的水雨情信息系统，加快浙江省防汛抗旱指挥系统的建设工作。水雨情WebGIS发布系统是为防汛提供决策依据，以保证水雨情数据的实时性和有效性为前提，提供可视化的GIS图形操作界面，实现水位雨量的分级显示与标注；查询各个时段不同站点的水位雨量数据，实现水位雨量数据的图形化表达等功能。主要研究成果有：①研发出水雨情信息查询模块、水雨情监视模块、水雨情预警模块、水雨情形势分析模块、水雨情过程表达模块、系统管理模块等6个功能模块；②采用统计模型同空间插值相结合的方法进行降雨空间分布插值研究，并对生成的面域图按等级、流域进行面积统计，实现降雨等值线的绘制。水雨情 WebGIS 发布系统能进行水情和雨情的监视预警：①水情监视预警，对报汛站点进行实时监视及预警，包括水库水位站、河道水位站、堰坝水位站、潮位水位站。该预警还能根据不同类型站点各自的预警条件在图上以不同颜色表示，同时在图上标注出各个站点当前的水位值，并能够查看站点的其他属性信息及其水位过程线信息。②雨情监视预警，包括 1 小时、3 小时、6 小时、1 天、2 天、3 天 6 个时间段的累计雨量信息的监视和预警。

水雨情 WebGIS 发布系统的主要功能有：①能用地图符号分颜色表示不同雨量级别的预报站点；②能在图上标注出所有超警站点的雨量值；③能以统计表的形式列出所有超警站点的详细信息；④能查看站点详细过程线信息。最后，在实时汛情监测的应用中需要了解水位站点的变化情况。本系统实现了用户在定位站点后，可以打开单站雨水信息变化的图形过程显示窗口，图上显示了该站的特征参数，对雨量、水位、流量等信息按时段和累计进行过程显示分析。分析方式有图表类（日降雨量图表、水位过程线、降雨累积曲线、流量过程线等）、报表类（逐时水雨情报表、四段制水雨情报表、水库水情表等）、静态信息类（流域雨量信息图、预报信息等）等。本系统在浙江省水利厅发布应用。

其他农业灾害研究内容

其他农业灾害研究内容选录如下：中国南方双季稻低温冷害评估、遥感监测与损失评估研究；基于多源数据冬小麦冻害遥感监测研究；基于 GIS 和遥感的东北区水稻冷害风险区划与监测研究；川渝地区农业气象干旱风险评估与损失评估研究；耦合遥感信息与作物生长模型的区域性低温影响监测；多源遥感数据和 GIS 支持下台风影响研究；中国南方稻区褐飞虱灾害分析及预警系统的研究与应用；稻飞虱生境因子遥感监测与应用；多源遥感数据小麦病虫害信息提取方法研究。

四、信息农业管理体系

我们研制出遵循现代农业产业特征的，适合信息时代、中国特色社会主义新时代的，能发挥社会主义制度优势的网络化的"四级五融"信息农业管理体系（简称信息农业管理体系），因其内容繁多，列为独立一章，即第三章：信息农业管理体系。

第三章 信息农业管理体系

　　根据现代农业产业特征，要发挥中国特色社会主义制度的优势与作用，运用网络化等高新技术，把国家、省（区、市）、县（市、区）和乡（镇）的农业生产发展，都构建成目标一致的有序相连的"一盘大棋"。要全面执行"因地制宜、科教兴农、科技强农"的总原则，聚集全国涉农单位的力量，并发挥各级政府的职能、科教优势与作用，组织能运用高新技术的部门、掌握开发信息技术的农技人员和掌握高新技能的农业专职工人，以及涉农单位的管理者和专职人员等，实现专业化分工协作，共同完成农业生产发展的全过程，取得农业生产与发展的经营效益最大化。这是农业稳健快速、高质量可持续发展的组织管理保证。

一、信息农业管理体系的认识

"管理"是一门复杂、技术含量高，而且因时空变异而产生变化的社会科学。先进、科学的信息化管理，对提高农产品的生产效率和加快产业发展的作用很大。因此，各类产业的管理都要根据时代特性及管理对象的产业特征、生产环境、技能条件等，创造最佳的管理方式，以求取得最好的管理效果。

农业管理极其复杂、难度很大，特别是信息时代的现代农业更需要高科技的支持。但是，古老的农业长期以来一直都是以家庭为单位，由老农民用传、帮、带的方式培养新农民的技术。因此，人们就习以为常地把农业生产看作简单的不需要技术的劳动，轻视农业的技术管理。这是严重影响农业快速发展的重要人为原因。

我们从"农业生产是在地球表面露天进行的"就可以知道，农业生产深受土壤、气候、施肥、环境、地形等的影响，出现问题（灾难）时人们往往没有能力准确预测和及时解决；再从"有生命的"就能认识到，掌握生命的发展规律和解决生长过程出现的问题也是很难的；最后从"社会性的生产活动"也能看出，农业生产与人类生活、生存及整个社会都有着密切的关系，仅粮食就有"民以食为天"的说法。农业关系到社会与国家的安定与稳定等，故有农业是基础产业，有国家基础之称。我国人口众多、面积很大，因此农业生产管理是一个极其复杂、难度很大的技术难题。信息农业，是以高新技术为手段的、挖掘和调动农业农村资源要素的、绿色发展的农业，所需的知识面更广，技术难度更大。因此，实施信息农业，必须有一个适应现代农业的产业特征及其生产经营特征的、严密的、科学的管理体系，才能从组织上保证信息农业的顺利实施，才能取得最佳的管理效果。

我们研制提出的信息农业的管理模式，就是要发挥中国特色社会主义制度优势，遵循现代农业产业特征，尽可能把各种灾害损失降到最低，聚集国家、省（区、市）、县（市、区）和乡镇的力量；通过国家到乡镇逐级研制形成的管理信息体系，即网络化的"四级五融"信息农业管理体系，把农业从国家到乡镇逐级构成特大的、目标一致的、有序的、上下互通的"一盘大棋"，实现四级政府的管理部门都发挥优势，参与并正确地推行农业管理，全面而有效地实施信息农业。

信息农业是在党的统筹领导下，由政府组织实施，以全面发挥人才资源优势为主导；以国民经济和农业农村经济大发展为目标；以全面有序地挖掘自然资源、环境生态、人文社会和地理区位等资源优势的生产潜力为基础；以密集先进技术和高科技为手段，完成农业生产全过程；以"绿水青山就是金山银山"的理念因地制宜地全面发展绿色生态农业，获取优质高产的农、副产品，满足人们吃、穿、用和工业、国防等的需要，最终实现最大限度地利用土地资源创造财富以及把多种灾害损失降到最低的目标。建立确保农业稳健快速、高质量可持续发展的和不断改善人民生活、走向共同富裕的农业经营模式及其管理系统。

综上所述，我们认为实施信息农业需要经过省级农业信息化（工程）建设的国家试点过程，在实践中改革、创新，由国家、省（区、市）、县（市、区）和乡（镇）四级统筹规划，并把四级农业生产发展都构成"一盘大棋"，上下互动，目标一致、分级负责；分专业共同协作，由管理者、农技人员和农业工人（由农民培养的专业工人）完成生产发展的全过程，并打通科研、推广、培训与农业生产发展的通道，建成中国特色社会主义新时代的网络化的"四级五融"信息农业管理体系。建设信息农业并实现网络化的"四级五融"信息农业管理体系是走"新型农业现代化道路"和"现代农业发展道路"的组织管理保证。在网络化的"四级五融"信息农业管理体系的基础上，四级都要创建农产品电商（脱销和滞销）服务系统。这是农业供给侧结构性改革的重要支撑，而且对产销平衡和对外贸易，以及指导、修订农业生产发展规划等，都是极为有利的，意义重大。

二、国家在信息农业管理体系中的地位与职责

中华人民共和国农业农村部在党中央和国务院的领导下，组织发动新一次农业技术革命和农业农村的社会变革，加速农业经营模式跨越转型升级，统领全国农业信息化（工程）建设，创建网络化的"四级五融"信息农业管理体系。它的职责是研制完成 1 ∶ 100 万比例尺的国家信息农业管理系统，以及建成全国农产品的网络化的电商服务系统，具体职责如下。

第一，研制国家信息农业宏观管理决策支持系统，预

测全国粮食和主要农产品的需求量。做好因地制宜的农产品适宜性规划（区划）；根据全国农业资源与环境状况、农村社会经济和科技成果应用（农业生产水平）以及国内外市场需求等信息，遵循因地制宜的原则，做好国家农业区划、农作物宏观布局（分区）以及供给侧结构调整等；根据国家社会经济发展总体规划及对农业提出的需求，预测全国人民和工业、国防等对粮食和主要农产品的需求量。在查明各省（区、市）适宜农作物的土地实际承载能力的基础上，将全国粮食和主要农产品的预测需求量，科学地、因地制宜地分配给各省（区、市）。另外还要提出不同区域的农业科技推广重点项目、科研重点项目，以及对各区域重点服务和改进管理的意见等。

第二，组建国家农业科研体系，培养信息农业高级人才，以及提供研究成果、新技术和新装备等。信息农业及其管理都需要以卫星遥感与信息技术为主的高新技术的支撑。因此，必须建立直接为农业生产发展服务的科研体系。建议在浙江大学组建国家级农业信息化（工程）研究院，负责研发全国共性的农业信息化技术和装备等，也可在中国农业大学组建国家级农业信息化（工程）研究院，一个代表我国南方，一个代表我国北方。最佳的是在原农业部部属的西北农林科技大学（西北区）、南京农业大学（华东区）、西南大学（西南区）、华南农业大学（华南区）、沈阳农业大学（东北区）等5个高校都组建直接为农业生产与发展服务的国家级农业信息化研究院，负责研发以地区性为主的农业信息化技术和装备等。7个国家级研究机构要分工协作共同培养信息农业的高级技术人才，还要组织培训省级农业信息技术人员（含推广技术人员）。建议由浙江大学牵头，每年针对农业生产及其发展的重大问题，组织学术讨论会，这既能提高学术水平，又可通过经验交流，解决实际问题和提出新的研究内容等，不断提高信息农业经营、管理水平，确保农业能稳健地高质量地可持续发展。

第三，加强农业科技的推广和培训体系建设，增加信息农业技术人员和必要的设备。农业的地区性差异很大，组织农业生产、推广科技成果等都是落实因地制宜总原则的重要组成部分。其一，构建 1 ∶ 100 万比例尺的全国科技推广试验网。其二，建议在农业农村部农业技术推广中心的基础上，培养或增加信息农业的各类专业技术人员，以及具有卫星遥感图像处理和识别技能的技术人才。在仪器设备方面，除了土壤、肥料、植株和污染物质等的速测仪要配置全量分析设备，以及农作物病虫害、生长发育期的检测设备等，还要配备大容量的计算机和必要的专用软件，以及野外器具和北斗导航定位设备等。其三，构建国家培训省（区、市）农技员，省（区、市）培训县（市、区），县（市、区）培训乡（镇）农技员，乡（镇）培训农技工（农民工）的农技培训体系。

第四，研制宏观性的农业灾害预警与防治信息系统。农业灾害，特别是地质灾害、气象灾害、重大的热旱洪涝灾害的预测预报与防治，不仅技术难度大，而且需要全国甚至世界区域范围的大数据运算等。因此，有关气象灾害、地质灾害，建议由国家行政部门牵头，组织科教机构，共同研发多种灾害的预警系统。例如由自然资源部的地质局牵头，指定国家级的、有优势的科教单位合作研发水土流失、泥石流、滑坡、地震等地质灾害预警与防治信息系统；由气象局牵头，指定国家级的科教单位研制热旱、洪涝、冷冻、台风等气象灾害预警与防治信息系统；由水利部牵头，指定国家级的科教单位合作研制大区域旱涝和洪水灾害预警与防治信息系统，特别是研制全国和大区域的水资源利用平衡及其科学利用信息系统。这也是各部门用基建科技助农的重要方式。有关预测预报工作可以由研发单位负责，也可以由农业农村部国家农业技术推广中心负责。

第五，研究和负责主要农作物长势卫星遥感监测及其估产运行系统。农作物长势卫星遥感监测及其估产系统的研制，不仅范围很广、种类多、宏观性强、技术难度很大，而且还要分级研究，需要具有信息处理功能的卫星地面接收站等。建议由国家级科教单位负责研发与实施，并在实践中不断提高精度，还要及时扩大农作物种类的长势监测与估产范围等。

第六，负责信息农业管理体系的研究与建设。在我国实施信息农业，必须有一个农业信息化（工程）建设的国家试点过程，经过适应信息农业模式的农业农村社会变革，研究、创建新的农业管理体系，并逐级形成一个网络化的管理系统。这就是网络化的"四级五融"信息农业管理体系的建设。因为它牵涉到从国家到地方各级农业管理部门，以及涉农单位的机构调整和人员编制等。因此，必须在党的领导下，由农业农村部统一调整与安排，各级都列入农业农村部系统。

第七，信息农业管理（研究院）的国家部门，每年都要发布国内外有关农业生产发展的最新研究成果。提供给各省用作适应性研究的选项，以求快速推广最新科技成果，并取得最佳的应用效果，发挥科技作为第一生产力的作用，确保科技进步与农业生产发展同步，取得全国农业稳健、快速的高质量可持续发展。

三、省（区、市）在信息农业管理体系中的地位与职责

省（区、市）在信息农业管理中，是发动新一次农业技术革命和农业农村的社会变革，促进农业模式转型升级，确保完成国家分派的粮食安全和主要农产品等承担任务的关键机构。它既要组织研发适合本省（区、市）的各种专业信息系统，做出主要农区、代表性的农作物的生产模型和重点乡镇的发展模式的样板，又要指导县（市）进行各专业应用信息系统以及各种生产模型和发展模式在本省（区、市）各农区的适应性研究，并指导、组织推广应用。因此，它是组织实施信息农业的中坚力量。它的责任是研制完成1∶50万比例尺的省（区、市）级信息农业管理系统，以及建成全省农产品的网络化电商服务系统，并把全省（区、市）的农业生产做成"一盘大棋"，具体职责如下。

第一，研制省（区、市）信息农业管理决策支持系统，完成国家分派的任务。一是根据本省（区、市）农业生产的实际情况，建立本省（区、市）信息农业管理决策支持系统，并做好农业经济分区、主要农作物因地制宜的适应性布局，以及针对不同农区提出主要服务内容、主要科研内容以及农技推广项目等。二是在完成国家分派给本省（区、市）的粮食和主要农产品种植任务的基础上，结合本省（区、市）的需求，确定（预测）本省（区、市）的粮食和主要农产品的需求量。将国家分派的承担任务和全省需求量两者合计就是本省（区、市）应该完成的粮食和主

要农产品的需求量。三是根据本省（区、市）应完成粮食和主要农产品需求量，因地制宜、科学合理地分派给各县（市、区）。

第二，组织省（区、市）信息农业科教机构，培养专业人才和研制专业信息系统及其装备。一是成立省（区、市）农业信息化科教机构。我国地域很大，各省（区、市）的农业发展基础差别也很大。因此，各省（区、市）都有必要成立省（区、市）级科教机构［设立国家级研发机构的省（区、市）除外］，可在国家统一安排下，有序地研发本省（区、市）的信息农业的各个专业信息系统，以及区域性的以农产品为单元的生产模型（某农产品的生产技术流程模型）和以乡镇为单位的农业发展模式。二是落实国家研发的农业灾害预警与防治信息系统，经过适应性研究后，在本省（区、市）指导推广应用。三是培养县（市）级的信息农业专业技术人才。四是研发信息农业所需要的仪器和装备等。

第三，加强省（区、市）农业技术推广、培训体系的建设，增加信息农业技术人员和增添必要的设备。加强省（区、市）的农业技术推广体系建设。一是在国家试验网的基础上，扩建1∶50万比例尺的全省科技推广试验网。二是通过农业信息化建设，从中吸取实践经验，改革、创新、组建推动信息农业的推广技术队伍。这对落实信息农业是十分重要的。省（区、市）可在省农业农村厅农业技术推广中心培养信息农业人员和增加必要的科学仪器等装备。省（区、市）的组织机构与国家相似，只是规模及人员编制因地而异，有些差别。

第四，指导和帮助县（市）级农业信息管理体系建设。

由于我国县（市）的农业技术力量比较薄弱，分布不均匀，所以推行信息农业，就必须全局统一安排，抽调县（市）农业农村局领导和技术人员进行系统培训，培养县级信息农业技术人才和领导干部。每年还要通报本省（区、市）农业发展的最新科技成果，作为县（市）级的适应性研究成果加以推广，取得全省农业平稳的高质量可持续发展。

四、县（市、区）在信息农业管理体系中的地位与职责

县（市、区）在信息农业管理体系中，既带领乡（镇）因地制宜地推动农业经营模式转型升级，又具体指导乡（镇）信息农业的实施。因此，县（市）是实施信息农业的具体组织执行单位，是承上启下的关键性环节。它的责任是研究完成县（市）级1：5万比例尺信息农业管理及其推广系统，以及建成全县农产品的网络化电商服务系统，并把全县（市）的农业生产做成"一盘棋"，做好布局，具体职责如下。

第一，研制县（市）信息农业管理决策支持系统。根据本县（市）的实际情况，经过农业分区（规划），做好粮食和主要农作物的用地布局，以及提出为乡（镇）服务的内容等。一是建立县（市）信息农业管理决策支持系统。二是保证完成省（区、市）分派给本县（市）的粮食和主要农产品的种植任务，并预测本县（市）粮食和主要农产品的需求量。承担任务和本县（市）需求量的合计即为本县（市）必须完成的粮食和主要农产品任务。三是将本县（市）必须完成的粮食和主要农产品总量，合理科学地分配

到本县的各个乡（镇）。

第二，健全和组织具有信息农业技术适应性研究能力的农业科技推广队伍（单位）。县（市）级在信息农业中的主要任务是把省（区、市）研发的科研成果，在本县（市）不同农区组织适应性研究，并负责推广到全县（市）的各乡（镇）。建议以农业农村局的农技推广中心和县（市、区）农业科学研究所协同合作，经过农业信息化建设试点的实践，通过改革，创建一个适合信息农业的专门机构，负责全县信息农业的实施；主要职能是推广省（区、市）研究信息农业的科技成果（含现有科技成果）；协助乡（镇）农技站的农技人员，根据专业信息系统，逐步建立各种农产品的生产模型和发展模式；负责培训全县各乡（镇）农业技术推广站的农技人员等。各县要在省（区、市）科技试验网的基础上，扩建 1 ∶ 5 万比例尺的科技推广试验网。

第三，指导和协助乡（镇）级信息农业管理体系建设。乡（镇）是推行信息农业的具体执行单位。所有信息农业的管理与技术指导工作都集中在乡（镇），而乡（镇）的信息农业技术人员力量一般都比较薄弱，实施信息农业的技术难度很大，要依托乡（镇）农业技术推广站（简称技站）。因此建议加强、充实和改建农技站，使之成为乡（镇）实施信息农业的技术核心，最好是通过改革成为乡镇农业生产机构的组成部分，相当于技术科之类，县（市）要负责指导组建乡（镇）信息农业管理体系。

五、乡（镇）在信息农业管理体系中的地位与职责

乡（镇）是联系群众、组织科技力量，发动新一轮农业技术革命和农业农村社会变革，推动农业经营模式跨越式转型升级，实施信息农业的基层组织。在县（市）的组织和指导下，因地制宜地落实信息农业的具体任务。它的责任是在省、县的指导下，研制完成1∶1万比例尺的乡（镇）信息农业管理系统，并将乡镇可输出的农产品纳入县、省、全国电商服务系统；在县（市）科技推广试验网的基础上，扩建1∶1万比例尺的科技推广试验网，并把乡镇的农业生产做成详细的"一盘棋"，具体职责如下。

第一，成立具有发展大农业知识的信息农业领导专班。根据我国农业农村的实际情况，组建大农业的领导专班有两种形式。其一，以乡（镇）为信息农业的基本生产单位。建议以乡（镇）农技站为技术核心，联合农业生产相关单位组成信息农业领导专班。其二，交通不便的乡镇可以考虑采用分片（区），或以村为信息农业的基本单位。但仍要以乡（镇）农技站为技术核心，以村为单位，联合农业生产相关单位组成信息农业领导专班。这两种领导专班都要发挥农技站的技术核心作用，农技站要承担生产与发展的技术责任。因此，加强乡（镇）农技站的全面建设十分重要。

第二，推进乡（镇）农业技术推广站建设成为信息农业技术核心。在乡（镇）基层单位推广任何先进的农业科技成果，都要经过乡（镇）科技推广试验网的"适应性试验"（或叫适应性研究）。根据试验结果以最快速度组织推广，才能取得最佳的效果。因此，实施信息农业必须建立以乡

（镇）农技站为技术核心的农业技术推广体系，最好成为乡镇农业生产技术的负责单位，例如技术股之类，不仅要对农业生产负技术责任，而且要对农业生产的发展成果负主要责任，并与业绩、评级、工资等挂钩。

　　新的农业技术推广站的人员，都必须由具有农业信息技术知识的农业专业人员组成。我国农业的区域差异很大，很难提出一个统一标准。当前，在我国南方地区（以浙江为例），在现阶段初步建议农业技术推广站人员的专业包括以下方面：一是农学专业，要求具有全面的农业知识和大农业的规划能力，特长是农作物栽培和经营管理，牵头负责乡（镇）大农业的总体规划（构建乡镇的产业体系）等，任站长。最好是由乡（镇）党委副书记或副乡（镇）长担任站长。二是农业环境资源专业，要求具有农业环境、资源和生态等知识，以及土地利用和环境生态的规划能力，特长是土壤、农业化学（肥料）、生长调节素（剂）和田间水分的信息化管理，负责土壤改良与培肥，作物施肥和农作物灌溉，以及农业环境、生态的监测和评估，农村环境和人文资源的挖掘开发利用等规划，任副站长。三是植物保护专业，要求具有农作物灾害监测、预报、防治能力，特长是农作物病虫害的预测、鉴别与防治等，负责农业灾害的监测与防治，以及农产品安全等规划。四是果树蔬菜专业，具有全面的经济作物的知识，特长是果树、蔬菜和土特产的栽培技术，还要负责塑料大棚和设施农业，以及高效土特产的发展规划与推进实施。五是畜牧兽医专业，要求具有全面的畜牧兽医知识，及疾病防治技能。在我国南方主要是猪、牛、羊、鸡、鸭、鹅等畜禽的饲养与防治技术，负责畜牧业的生产与发展规划和特种动物养殖，及其信息化建设等。如有畜牧兽医站，应该直接参加生产经营管理。有关农业机械化可由县市负责，统一分区，设立农机站，负责承包。

可以预测，乡镇农业随着信息农业经营水平的提高，专业会细化，科技分工也会细化，从而要增加农业科技人员。因此，随着农业生产的发展，经济实力的提高，科技力量会不断增强，例如增加中、高专业技术人才等。

第三，农技站负责培训农民成为信息农业的专业工人，乡（镇）农技站是乡（镇）实施信息农业的技术核心，相当于大小农场的生产技术科（股）。因此，乡（镇）农技站有责任分专业培训农民成为信息农业的专业化技术工人，即农业专职技术工人（简称农技工）。有条件的可以培养成专业农技员、农技师，甚至高级农技师，有的还可以保送农业院校学习等。农技工是高质量完成信息农业生产过程的具体操作者，也是不断提高信息农业经营水平的重要角色，所以要加强农技工的培训。

第四，实现以乡（镇）为主体，专业化的涉农单位参加的共同协作管理经营机构。乡（镇）信息农业经营管理组织形式，为了加强专业化，尽可能采取分专业由涉农单位负责、实施共同协作的生产经营管理模式。这种模式不但能快速采用最新科技成果和吸取先进的技术经验，提高农业经营水平和效率，而且有利于农业装备的更新，能够快速提高农业经营管理的科学和技能水平。根据我国南方农业农村的实际情况，管理经营机构进行专业分工。负责的涉农单位有：一是与农资公司的庄稼医院对接，扩大和延伸技术规模，增加农业应用化学专业技术人员，分工负责农作物施用化肥和病虫害防治等信息化管理。这样，不但能做到专业化管理，而且做到农药、化肥、生长调节剂等的最佳施用，还能做到产销与需求链接。二是与种子公司对接，扩大和延伸技术规模，设立品种试验繁育场，增加品种和育苗专业人员，分工负责良种供应和秧苗及苗木培育等。这样，既能快速全面推广良种，还能培育出壮秧、壮苗等，为优质高产打下基础。三是与畜牧兽医站对接，在我国南方，负责猪、牛、羊，鸡、鸭、鹅等的饲养及其疫病防治，保证食品安全等工作。四是与农机站对接，负责农田（地）主要耕作与收割等工作，既能促进农业机械化、电气化、智能化，还有利于先进农机具的快速更新和提高农机操作技能。五是与土地管理站（所）对接，根据县（市）的土地利用规划，负责执行乡镇土地利用总体规划及其变更调整；土地利用动态监测及耕地总量动态平衡；土壤质量变化及污染动态监测等。

以乡（镇）为信息农业经营主体，与各个分工协作的涉农单位签订目标一致、共担风险、分工负责、利益共享的"乡（镇）信息农业生产协议"，这也是各级农业单位对乡镇农业生产的有力支持，以保证农业生产的稳健发展。

第五，乡（镇）是信息农业生产的基本组织单位。一是根据乡（镇）的实际情况分为：粮食作物专业生产队、经济作物专业生产队、蔬菜专业生产队、果树林业专业生产队、特种作物专业生产队、畜牧专业生产队，以及乡镇工业、服务业的分类组织等，发展二、三产业。二是每个专业生产队，在乡镇农技站的指导帮助下，建立以农产品为单元的生产技术规范流程模型（生产模型）。三是按照乡（镇）用地规划布局，分村或分片，根据农产品的生产模型的技术规程组织生产（构建生产体系和产业体系）。

如果乡（镇）的行政面积过大，或者其他原因，不能以乡（镇）为单位实施信息农业，则可以改为以村或划片为信息农业的基本生产单位，其组织形式仍以乡（镇）为信息农业经营的基本单位，只是以乡（镇）的村划片为基本生产单位。同时，农业发展规划、经济核算和生产组织都要以村（片）为单位进行适当调整，并坚持以乡（镇）为基础，以乡（镇）农技站为技术核心。

乡（镇）是农业生产的基层单位。它在保证完成国家指定任务的基础上，可以利用剩余的土地、劳动力等农业资源，根据乡（镇）人民的需要、市场的需求以及经济效益等，因地制宜地开发环境、生态、人文和人才等优势资源，按照"有规划、保计划、多自主"的原则发展农业生产，以及创办具有农业农村特色的二、三产业。这样，既能满足人民生活需求多样化的要求，又能获取最大经济效益，增加农民的收入；更可以稳住农业是国家的基础，还能防止脱贫后返贫，杜绝集体返贫，取得"巩固和拓展脱贫攻坚成果"的效果，并与乡村振兴战略有效衔接，为其提供一个内生动力的长效机制，依靠集体力量走上共同富裕的道路。

最后，特别需要强调的是：网络化的"四级五融"信息农业管理体系中的具体内容，笔者是根据以下方面提出的：一是中国特色社会主义制度及其优势；二是农业生产发展的现代农业产业特征以及我国农业生产发展的现状；三是总结笔者60多年的高等农业科教、农业信息化研究，以及农村蹲点、调研和劳动时取得的系列成果和经验教训；四是信息化和网络化的技术水平及其在农业中应用的可能性等。因此，特别需要经过国家"试点"的实践与检验，并结合各地实际、因地制宜地做出内容的修改和完善。

第四章

信息农业的技术体系及其关键技术和产业化

以卫星遥感与信息技术为主的现代空间信息、现代电子信息（含大数据和云计算）、数据库系统和管理信息系统等是实施信息农业，研发新产品并形成新的产业链的关键技术。随着科技水平不断提高，为信息农业转型到智慧农业创造了技术条件，并逐步形成高新技术产业链，加速实现中国特色社会主义农业现代化。

一、信息农业的技术体系和农业信息技术体系的概念

信息农业的技术体系和农业信息技术体系，都在迅速发展，都是以卫星遥感与信息技术为主的计算机网络化、信息化、大数据、云计算、模拟模型等高新技术构成的技术体系，但又各有侧重，互为补充。

（一）信息农业的技术体系

信息农业的技术体系是由以农业数字化、模型化、图形化为基础的综合基础数据库管理系统，以监测、预报和调控为基本技术的农业技术信息服务系统，以农业辅助决策和调控为基本内容的农业生产管理决策支持系统等组成的。它是一个以数字化、自动化、网络化、智能化、可视化为特色的信息农业生产发展的经营管理全过程的技术体系。

1. 综合基础数据库管理系统

综合基础数据库管理系统，又称总数据库。它是由多种相互关联的农业专业信息系统的专业数据库，经过融合集成的综合数据库管理系统。它是农业生产要素的数字化、图形化、模型化的信息储存库，包括社会经济信息（含人

文信息）、自然环境资源信息（含地形地貌信息）、科学技术成果资源信息（含人才信息）等。它是根据农业生产发展需要而建立的应用数据库组成的，例如农业生产要素的图像数据库，文本资料等属性数据库，以及监测、诊断、评估、预报与规划等模型数据库，等等。综合基础数据库储存的大量的农业生产要素信息，为运用 GIS 技术实现信息的储存、查询、检索、分析、制图和决策咨询等奠定了基础。但这只是信息服务的起点。为了实现农业生产的监测、诊断、评估、预报和规划等功能，必须根据信息农业的需要，开发出一批农业生产要素的专业模型，以及大量的农产品的生产模型等，建立模型库，而且还要与图形数据库、属性数据连接，对需要确定和解决的农业生产与咨询问题做出科学合理的决策，这是综合基础数据库的重要功能。必须指出的是：农业生产要素信息是有时间性的，是在不断变化的。所以如何及时快速更新数据库的信息，保持信息的现势性和可用性是科学地发挥综合基础数据库功能的关键。因此，综合基础数据库管理系统必须附有一个数据库更新系统。

2. 农业技术信息服务系统

农业技术信息服务系统，是由多种农业生产相互关联的专业信息系统组成的。它是组织实施信息农业的技术核心系统。以种植业为主的信息农业，是为组织实施、指导农业生产服务的，一般包括：①农业资源信息系统。它可以科学地利用资源，帮助解决环境、资源、粮食、人口四大社会问题。②农业自然灾害预警系统。它具备灾前的预报、灾发过程的动态监测、灾后的损失评估等功能，使灾害损失降到最低，并有助于恢复生产和重建家园等。③农作物长势卫星遥感监测与估产系统。它提供农作物种植进度，及其长势的监测与估产等信息，为及时采取针对性措施提供依据，并为农作物产量提供经济情报服务。④以农产品为单元建立生产模型。它是为某个农产品的生产技术规范流程所建的模型，直接组织某产品的生产。⑤农产品营销网络系统。它为生产单位提供主栽农产品、科技成果和其他农产品等信息，用作供需平衡趋势分析的依据，最终为农业管理部门和农业经营单位的种植决策提供咨询服务。⑥农业环境质量评价和农作物安全预警信息系统。它对实施信息农业的环境质量及其变化趋势做出评价，保证农业的高质量可持续发展，也为食物安全提供保障。

3. 农业生产管理决策支持系统

农业生产管理决策支持系统可以帮助解决"种什么""养什么""办什么"以及"怎么种""怎么养""怎么办"这些直接影响国家的农产品供需平衡和农业经营单位的保质、增产、增收等大问题。因此，各级部门和生产单位在组织实施信息农业时必须建立农业生产管理决策支持系统。该系统根据职能可划分为农业宏观管理决策支持系统和农业生产经营管理决策支持系统。农业宏观管理决策支持系统主要是为农村经济的结构调整、宏观管理服务的，解决"种什么"（种植业）、"养什么"（养殖业）、"办什么"（工业和服务业）等问题。根据所辖范围与功能的不同，农业宏观管理决策支持系统又可分为国家农业宏观管理决策支持系统和区域（各级地方政府的农业部门）农业宏观管理决策支持系统。它们的决策都是以农业资源与环境（含区域、区位）、农村社会经济和科技成果应用及其发展趋势，以及国内外市场需求等信息为依据的。它是通过大农业、大产业的具有农业农村特色的"三产"融合发展模式（含规划指导）实现的。农业生产经营管理决策支持系统主要是为生产管理经营单位提供实用技术和市场信息等咨询服务，解决"怎么种""怎么养""怎么办"等问题。其内容包括：①农产品的生产技术咨询服务系统，主要是通过农业信息网络系统平台为农业生产经营单位提供实用技术服务；②农产品市场信息分析预测系统，主要是收集和发布主要农产品的国内外或省内外的市场供求信息，以及预测市场发展趋势信息；③通过农业企业管理信息系统，因地制宜地创办具有农业农村特色的二、三产业，其中利用农业农村的废弃物的有机无机混合肥料厂、沼气池等，要采用最先进的技术组织农业生产和企业管理等，做到用最低的成本，取得最佳的经济效益，并能保持农业资源的可持续利用，确保农业高质量可持续发展。

（二）农业信息技术体系

农业信息技术体系是指农业信息的采集、处理、模拟技术流程，以及传输、存储两大支撑技术组成的技术体系。可以认为，农业信息技术体系是信息农业技术体系中技术相对独立的组成部分。

信息采集技术包括航空航天遥感技术、全球定位技术、地面调查技术以及科学研究、自动监测技术等。

信息处理技术主要是地理信息技术提供的空间分析技术、人工智能技术和各类专业模型技术，用来对各类信息进行分析和再加工等。

信息模拟技术主要是模拟模型技术、虚拟现实技术和一些辅助表达技术，例如多媒体技术，用来建立类似"虚拟农场""虚拟作物""虚拟温室"等，对作物的生长或农业的生产管理进行模拟再现。

农业信息技术体系中的信息传输技术和信息存储技术两大支撑技术，可以比作工业化生产中的"传输带"和"物流配送库"，将农业信息化技术整合成一条信息流的分析处理"生产线"。

二、信息农业模式的高科技关键技术

现阶段用于信息农业的高科技关键技术有：①现代空间信息处理技术，包括卫星遥感技术、地理信息系统技术和全球定位系统技术等；②现代电子信息技术，包括计算机网络技术、人工智能和专家系统、多媒体技术和模拟模型技术、大数据和云计算等；③数据库系统和管理信息系统技术等。

（一）现代空间信息处理技术

1. 遥感技术（航天和航空技术）

遥感（Remote Sensing，RS）在农业中用得最多的是卫星遥感技术。卫星遥感技术就是在卫星上装上传感器，由传感器获取地面目标物体或自然地理的信息信号（以图像或数字表现形式），通过一定的数据处理（或图像处理）和分析判读，来识别目标物体或自然地理现象的技术方法。卫星遥感技术应用面很广。例如我们运用卫星遥感技术，结合地理信息系统、全球定位系统技术的研究成果有：农业资源调查和利用动态监测、农作物长势监测与估产、农业灾害预警及其应急反应、海涂围垦与利用、农业区域规划和土地利用规划等。农业卫星在信息农业、智慧农业中的应用具有很大的潜力。

2. 地理信息系统技术

地理信息系统（Geographic Information System，GIS）是在计算机、软件系统支持下，对地球的整个或部分表面空间的有关地理分布数据，运用采集、储存、管理、运算、分析、显示和描述表达地理现状的技术系统。

GIS 在农业中的应用非常广泛。它与卫星遥感技术和全球定位系统相结合，在农业资源的清查与核算、管理与决策，农业区划与规划，农业环境监测、管理与评价，农作物卫星遥感估产与长势监测，农业灾害的预报、监测与治理等方面，都发挥了很大的优势和作用。我们的研究成果也比较多，特别是浙江省在土地资源领域已经广泛推广应用，基本实现信息化管理，取得很大的经济效益。

3. 全球定位系统技术

全球定位系统（Global Postioning System，GPS）是由美国研制成功的，并在全球范围内应用最广，其次是俄罗斯研制的格洛纳斯系统和欧洲研制的伽利略系统。我国研发的"北斗卫星导航系统"，已在我国与东南亚地区使用，可提供亚米级精度分析、厘米级的准确定位和主体（研究目标）分析服务，现已完成全球组网，可覆盖全球。[①] 它在农业中的应用也非常广泛，主要作用有：①空间变量信息采集的定位，例如农作物产量估测的定位计算；②农田面积和周边的测量，以及对地域（区）的地形分析；③引导农业机械实施操作等。

遥感（RS）、地理信息系统（GIS）和全球定位系统（GPS）三种技术相互结合，在地球科学、环境科学、农业科学、林业科学、海洋科学、气象科学等涉空科学中的应用非常广泛。中国科学院院士、中国工程院院士、武汉大学教授李德仁将其称为"3S"技术。

（二）现代电子信息技术

1. 计算机网络技术

计算机网络技术是指以共享资源为目的，利用现代通信技术将地域上分散的多个独立的计算机系统、终端数据设备与中心服务器、控制系统等连接起来形成网络系统，并对网络上的信息进行开发、获取、传播、加工、再生和利用的综合设备体系。例如美国建立的农业计算机网络系统覆盖美国46个州、加拿大的6个省，以及美国和加拿大以外的7个国家，连同美国农业部及美国的15个州的农业署、36所大学和大量的农业企业。用户只要通过家中电话、电视或计算机，便可共享网络中的信息资源。该系统不仅提供信息服务，还提供200多个应用软件。我国在商业领域已经形成电子网购系统，这对建成农业网络系统是

①　2020年6月23日，我国发射北斗卫星导航系统的最后一颗组网卫星，完成全球组网。

有利的。

2. 人工智能、专家系统

人工智能是研究人类智能规律，构造一定的智能行为，以实现用电脑部分地取代人的脑力劳动的科学。在农业领域大多以专家系统来显示其功能。农业专家系统是将农业专家的知识经验，用特别的表达方法，经过知识获取、总结、理解、分析后，存入知识库，再通过推理机构来求解农业问题，例如浙江黄岩柑橘生产管理决策咨询系统等。

3. 多媒体技术和模拟模型技术

多媒体技术是利用计算机技术把文字、声音、图形、图像等多种媒体综合为一体，使之建立起逻辑联系，并能进行加工处理的技术。多媒体技术用于农业已有不少成功实例，如中国农业大学研制开发的农作物有害寄生虫检索多媒体软件，浙江大学开发的具有各种农机具多媒体信息查询、预测和辅助决策的计算机多媒体决策支持系统，又如我们研发的柑橘病虫害多媒体查询系统等。

模拟模型技术是运用系统学原理，联系事物的发生和演变的动态过程，通过计算机运行模型，建立可以用于实践性描述结果的技术。这项技术在农业中运用比较多，我们也已经研发出几十个模型，其中最成功的是在实施水稻卫星遥感估产中，运用卫星遥感与信息技术研发的水稻长势模拟模型（Rice-SRS）。此外，土地利用变化预测模型的估测精度在90%左右，其中对农业耕地、林业、城市扩张等用地，以及水面的变化，在10年内的预测精度都在95%以上，具有很高的实用价值。

4. 大数据和云计算

大数据和云计算技术早已在我国出现并应用，特别是在科教事业中广泛应用。由于大数据与云计算技术能广泛用于社会经济建设和国家管理、治安等工作，故有"大数据经济"之称，现已发展到"数字经济""数字产业"，甚至称作"数字化时代"等。大数据技术就是根据应用对象所产生的海量数据，通过各种高级数学运算，找出应用对象的发展趋势或规律，再运用模拟模型技术建模，预测可能发生的结果，为经济建设、国家行政管理、社会治安等服务。云计算依托虚拟化技术和统一的云计算平台，将离散的海量数据资源，形成各种产品（或方式），向用户提供服务。云计算的应用，可以节省大量成本，特别适合没有高科技仪器设备的基层及小公司。

（三）数据库系统和管理信息系统技术

数据库系统比较早就在农业领域中进行应用，主要是服务于农业科技文献库的建设。随着现代管理技术应用于农业的生产经营和管理，管理信息系统开始出现，为管理决策过程提供服务。

1. 农业数据库系统

世界著名的农业数据库系统有：联合国粮农组织的农业系统数据库（International Information System of the Agricultural Science and Technology，AGRIS）、国际食物信息数据库（International Food Information Service，IFIS）、国际农业生物中心数据库（Centre Agriculture Bioscience International，CABI），以及美国农业部农业联机存取数据库

（Agricultural Online Access，AGRICOLA）等四个大型的农业数据库。我国引进四个大型数据库技术，对我国农业数据库建设起到了很大作用。我国已经建成的农业数据系统有：中国农林文献数据库、中国农业文摘数据库、中国农作物种质资源数据库、家畜品种资源数据库、农村经济数据库、中国农业产品贸易数据库等70多个有关农业的数据库。我们也建立了很多数据库，其中具有代表性的是浙江省土壤数据库、浙江省土地资源数据库、水稻光谱数据库（含高光谱）、浙江省红壤和海涂土壤资源数据库、中国土壤光谱数据库等，以及数十个专业信息系统数据库。

综上，农业数据库系统正处在快速发展阶段，随着信息农业的实践与发展，有可能形成系列化的农业数据库系统及数据更新系统。

2. 管理信息系统

管理信息系统是一个在农业管理决策过程中提供帮助的信息处理系统。1990年，我国成功开发出棉花生产管理模拟系统，有效地将播种期、种植密度、施肥量、化学调控等生产技术环节有机结合，提出棉花的高产优质栽培的优化方案，这种"优化方案"虽不是完整的"生产模型"，但可以认为类似于以农产品为单元建立的生产模型，即为某个农产品的生产技术规范流程的生产模型。据此，棉花的高产优质栽培的优化方案，可以认为类似于"棉花生产模型"。我们也在2000年研发出柑橘优化布局与生产管理决策咨询系统。此外，我们研究的"早稻省肥高产栽培试验"，其效益也非常显著，可以看作相似的"早稻生产模型"（详见第三章）。

三、信息农业的技术产品开发及其产业化

随着农业科学技术的发展和生产实践经验的积累，必然会引发新的农业技术革命，进而促进农业经营模式的转型升级。新技术的形成与发展，将大幅度地提高农业生产力和生产效率。随着农业信息化的建设与发展，信息农业高新技术产品将不断被开发，逐渐形成新的信息农业高新技术产业链。

信息农业高新技术产业的主要内容可以概分为：①仪器设备及其系统装备类；②多种专业信息系统及其大量的农产品生产模型等应用软件类；③卫星应用和其他仪器改良类。

（一）仪器设备及其系统装备类

我们已经开发出 20 多个新型科技产品，10 多个专业信息系统装备，大都是在科技开发时试用，没有形成新产品。但近年来，在设施农业试点中应用较多。

1. 仪器设备

信息农业的仪器多数是基于卫星获取光谱数据开发的，例如各种农作物的长势检测仪、各种植物的养分丰缺诊断仪、各种病虫害远程监测仪、土壤水分速测仪等几十种仪器设备。现在推广应用面临的主要问题是精度较差和成本过高等。

2. 系统装备

信息农业的系统装备是综合运用信息技术开发的。它是由多种农业使用的仪器，组合成自动化的操作系统装备。

例如我们研发的农田信息获取装备，农药变量配施系统装备，低量高浓度农药防漂移动喷施技术装备，肥、水、药一体化变频控制和喷施技术装备，以及肥、水精准管理技术装备等数十种系统装备。

（二）多种专业信息系统应用软件类

多种专业信息系统应用软件是指保证信息农业运转的各类专业信息系统软件和生产模型软件，以及信息农业的综合软件等。我们研发的有：红壤资源信息系统、海涂土壤资源信息系统、土地利用现状调查和变更调查信息系统、土地分等定级信息系统、土地利用总体规划信息系统、水稻卫星遥感估产信息系统、水稻卫星遥感长势监测信息系统，以及气候、水利、地质等各种灾害和农药监测等方面30多个专业信息系统，都是依靠市场已有的成品软件开发研制的。其中由浙江大学农业遥感与信息技术应用研究所研发的、有自主产权的并已申报授权的软件著作有15个（见表4-1）；申报授权的发明专利11项、实用新型专利2项（见表4-2）。

表4-1　自主开发的申报授权的15项软件

序号	证书名称	专利权人／发明人	类别	状态	授权号	授权（受让）日期
1	CALIOP数据分析处理软件V1.0	黄敬峰	软件著作权	已授权	2014SR042319	2014-04-14
2	SAR数据近海风速反演辐射定标软件1.0	黄敬峰	软件著作权	已授权	2014SR047538	2014-04-22
3	高光谱数据方差分析及图形可视化系统1.0	黄敬峰	软件著作权	已授权	2014SR136313	2014-09-11

续 表

序号	证书名称	专利权人 / 发明人	类别	状态	授权号	授权（受让）日期
4	卫星影像植被指数时间序列插补重构系统 1.0	黄敬峰	软件著作权	已授权	2014SR 098288	2014-07-15
5	县级标准农田分析系统	沈掌泉	软件著作权	已授权	2014SR 063255	2014-05-20
6	农田信息精准监测空间决策支持模块软件	沈掌泉	软件著作权	已授权	2014SR 141916	2014-04-22
7	作物发育期时空格局动态演示程序	黄敬峰	软件著作权	已授权	2015SR 033929	2015-02-16
8	基于 CMOD4 模式函数的近海风速反流 V1.0	黄敬峰	软件著作权	已授权	2014SR 173604	2014-11-17
9	ASAR 影像批量预处理程序 V1.0	黄敬峰	软件著作权	已授权	2014SR 174235	2014-11-17
10	基于 CMODIFR2 模式参数的近海风速反演 V1.0	黄敬峰	软件著作权	已授权	2014SR 175076	2014-11-18
11	土地利用总体规划基数转换与成果表格汇总软件	沈掌泉	软件著作权	已授权	2014SR 193777	2014-12-12
12	部标基本农田数据库建立支持系统	沈掌泉	软件著作权	已授权	2014SR 268411	2015-12-19
13	光谱数据元素获取软件	周炼清	软件著作权	已授权	2016SR 088153	2016-04-27
14	茶叶种植基地生产智能检测与精细化管理系统软件	周炼清	软件著作权	已授权	2016SR 080386	2016-04-19
15	基于 WebGIS 的茶叶生产精细化管理与防伪追踪系统	周炼清	软件著作权	已授权	2016SR 080375	2016-04-19

资料来源：梁建设：《浙江大学农业遥感与信息技术研究进展（1979—2016）》，杭州：浙江大学出版社，2018 年。

表 4-2　主持开发的申报授权的发明专利和实用新型专利

序号	证书名称	专利权人/发明人	类别	状态	授权号	授权（受让）日期
1	一种基于近地传感器技术的土壤采样方法	史舟	发明专利	已授权	ZL201310030119.8	2014-11-26
2	全景环带高光谱快速检测野外土壤有机质含量装置与方法	史舟	发明专利	已授权	ZL201210171683.8	2014-02-19
3	利用全景环带摄影法快速预判土壤类型的装置和方法	周炼清	发明专利	已授权	ZL201210172101.8	2014-04-16
4	一种放置 EM38 的升降平台小车系统	史舟	发明专利	已授权	ZL201410331876.4	2014-07-12
5	室内光谱观测载物台及其应用	黄敬峰	发明专利	已授权	ZL201210009838.0	2014-03-26
6	室内高光谱 BRDF 测定系统	黄敬峰	发明专利	已授权	ZL201210052209.3	2014-02-26
7	用于野外测试土柱高光谱装置	周炼清	发明专利	已授权	ZL201410344614.1	2014-07-18
8	土壤深度圆柱面有机质光谱采集方法及其装置	史舟	发明专利	已授权	ZL201310431840.9	2015-10-28
9	基于卫星遥感与回归克里格的地面降雨量预测方法	史舟	发明专利	已授权	ZL201410021364.8	2016-08-31
10	FOLIUM 模型与多色素叶片光谱模拟方法	黄敬峰	发明专利	已授权	ZL201610629796.6	2016-08-04
11	基于 FOLIUM 模型叶片色素遥感反演方法	黄敬峰	发明专利	已授权	ZL201610624168.9	2016-08-03
12	温室大棚植物光合作用所需 CO_2 气体的供应系统	梁建设	实用新型	已授权	ZL201320156716.1	2013-10-03
13	土壤 CO_2 呼吸自动测定仪	梁建设	实用新型	已授权	ZL201320156879X	2013-10-03

资料来源：梁建设：《浙江大学农业遥感与信息技术研究进展（1979—2016）》，杭州：浙江大学出版社，2018 年。

（三）卫星应用和其他仪器改良类

1. 卫星应用

卫星应用是指应用卫星获取农作物、生态、环境等地面专业信息，研发出卫星应用的仪器等。它是信息农业获取现势性信息及其变化趋势研究的最快最好途径，也是通过卫星数据的处理、分析，提取有用信息的最佳手段。因此，它还是开发卫星应用仪器的主要途径，当信息农业研究发展到一定阶段时，我国加快发射以服务农业为主的农业卫星，使之成为信息农业的主要支撑及其重要的组成部分。我国已经成功发射高分六号卫星，以及具有立体观察功能、分辨率更高的高分七号卫星。它们与高分一号卫星组网运行后，不仅对实施信息农业非常有利，而且对开发卫星应用仪器十分有利。

2. 其他仪器的改良

其他仪器的改良是针对运用卫星遥感与信息技术还不能解决的技术问题，改良正在使用的常规仪器，以拓宽和提高仪器使用水平。例如，在全国推广的"测土配方施肥"技术用的是常规的土壤养分速测法，它能通过测定土壤养分含量，确定农作物的施肥配方。我们对该技术进行了改良，即以测定农作物的养分丰缺为主，辅以土壤养分速测技术，两者结合确定农作物的施肥配方。例如，研制的"75型水稻营养速测箱"，用这种改良设备确定农作物施肥方案，以及指导施肥。多年的大田试验结果表明，不仅农作物大幅度增产，而且对省肥、节水和减药都有很大的效果，为防治农田的面源污染提供了有效措施。

　　总之，农业高新技术的应用、形成与发展，是创建信息农业的基础，也是为向智慧农业转型升级，积累科学数据和提供智能技术的基本条件。

第五章 信息农业的优势及发展趋势

信息农业具有：①能走出新型农业现代化道路、现代农业发展道路，②能最大程度地发挥科技作为第一生产力的作用，③能走出以"授人以渔"的科技和基础设施为主的助农之道，④能发挥科技进步与农业生产发展同步推进等四大优势，并有10种主要表现形式。我国在工业化的基础上，随着信息农业的科技进步、农业生产数据的积累及大数据的智能化处理水平的提高、发电玻璃的普及应用，特别是可控核聚能的应用达到商业化，我国信息农业就有可能转型升级到"工厂化的融合信息智慧农业模式"，简称"智慧农业"。

一、信息农业的主要优势

（一）信息农业的创新与优势

信息农业的主要创新与优势可以概括为以下四条。

（1）信息农业是严格遵循"绿水青山就是金山银山"的绿色生态农业发展理念，运用卫星遥感与信息技术等挖掘与开发农业农村的人文社会、生态环境和人才三大资源优势，以及发挥地域（区位）优势等，调动与农业生产相关的一切生产要素的活力，因地制宜地实现具有农业农村特色的"三产"融合发展的信息化、大农业、大产业的发展思路，建成科学化、网络化、信息化的"三产"融合发展的大农业、大产业的发展模式。这样的发展模式可以全面、持续地发挥土地的生产潜力，提高农业劳动的技能和生产率，走出一条高效稳健的、高质量可持续的"现代农业发展道路"，即走出现代农业发展的现代化道路。

（2）信息农业是遵循现代农业生产与发展的产业特征，最大限度调控或克服伴随农业生产的五大基本困难，实现网络化的"四级五融"的信息农业管理体系，以及建立农产品电商服务系统等。这样的农业经营方式能够充分发挥各级政府在农业生产中的管理职能和技能优势，既能提高农作物的产量和质量，又有利于各级政府因地制宜、因需调整农产品的产需平衡、区间调配及其滞销农产品的促销等。

（3）信息农业设有为农业自身服务的科技研发系统，并打通科技、推广、培训和农业生产发展通道，由具有农业科学知识的、掌握农业信息技术的农技人员和掌握专业技能操作的农民专业工人（由农民培养而成的专业化农业工人）联合协作完成农业生产任务。所以，这种农业生产组织形式能以最快速度组织研究和解决农业生产中出现的问题，并能将最新的科技成果，以最快的速度有效地应用于农业生产中，做到农业科技进步与农业生产发展同步推进，及时、完整、最大限度地发挥科技作为第一生产力的作用。这既能不断提高农业生产的科技水平，快速稳健地提高农作物的产量和质量，又能走出"授人以渔"的科技助农之道，意义重大。

（4）信息农业是在乡（镇）党政领导下，以农技站为技术核心承担农业生产的技术全责，特别是以乡（镇）为主体，与涉农机构成立"乡镇农业生产协作组织"，分部门专业化操作，相互协作完成农业生产任务。这样既能做到农业科技成果的最快最优推广应用，实现科技进步与农业生产发展同步推进，又能有效地吸收信息化的农机设备，不断提高农业生产技能。最终，可持续地提高土地产出率和农业劳动生产率，加快中国特色社会主义农业现代化建设。

综上所述，信息农业的最大优势，就是从传统的经验式的农业转向科学化、因地制宜地运用最先进的科学技术的农业。所以实施信息农业能全面、不断地发挥土地创造财富的三条途径；能适应农业生产发展的产业特征，把农业生产经营的"五大基本困难"的损失降到最低。它是信息时代、中国特色社会主义新时代的最佳农业模式，也是独有的农业模式。

（二）信息农业的特色与优势的十大主要表现

信息农业是中国特色社会主义新时代独有的最佳农业模式，其特色与优势有以下 10 个方面。

第一，为种植业高产栽培和优化利用提供优良的耕地。实施信息农业前，在进行土壤详查后，根据农作物的需求，通过土壤改良和土壤养分的调整，排除农作物生长障碍因素等。同时进行与土壤详查比例尺相同的土地利用现状调查和土地利用整理，做出最佳的、因地制宜的田（地）块利用布局，最终使农作物高产栽培技术落地，建成旱涝保收、农事操作高效的高标准的肥沃农业用地。

第二，"四级"都要通过"规划"，取得因地制宜的集体化、专业化、规模经营效益最大化。因地制宜是农业经营必须遵循的、普遍有效的原则，并且是总原则的核心内容。因此，因地制宜在农业经营中的应用水平，通常认为就是农业经营的水平。专业化的集体规模经营效益最大化，是农业生产基层单位取得最佳效益的一种表现，如果"四级"能够因地制宜地做好农业用地布局，那么全国各级都能因地制宜地用好土地资源。

第三，"四级"都能因地制宜地执行"有规划、保计划、多自主"的原则，做好大农业的用地布局，取得农业经营效益最优化。"有规划"就是从上至下都根据任务因地制宜地做好用地布局。"保计划"就是必须保证完成农业生产的计划任务。特别是绝对保证粮食和主要农产品的有效供给，其中粮

食必须绝对保证，以保民生安定、国家安全。"多自主"就是
发挥基层积极性，自主选定效益最佳的产业，这是实现农业
经营效益最优化的重要组成部分。

第四，建立"四级"职责不同的科研机构，并形成体
系，发挥科技作为第一生产力的巨大作用。"四级"都要建
立职能不同的、直接为农业生产与发展服务的科研机构，
并形成自上而下、相互联系的科研联盟体系，当发现农业
生产发展出现异常或问题时，根据异常或问题的性质、技
术难度，及时派专业科技人员到现场调研，必要时组织专
家专题研究解决，这就为农业生产发展提供了一个持久的
推动机制。

第五，"四级"建立农业科技推广和培训体系，做到科
技进步与农业生产发展同步。"四级"都要建立职责不同的
推广与培训体系，农业科技成果推广和培训都要联系实际
才能取得最好的推广效果，同时还要培养科技人员和农业
工人。每年都要举办形式不同的农业科技培训，提高科技
人员与农业工人的科学与技能水平，最终实现科技进步与
农业生产发展同步。

第六，"四级"都要走出"授人以渔"的助农之道，才能
取得农业稳健的可持续发展。我国进入工业化的信息时代、
中国特色社会主义新时代，对社会发展的历史贡献最大、
时间最长的古老农业，成为资助产业。信息农业模式要求
"四级"的涉农单位都有义务、有必要、有责任资助农业生
产发展，尽可能地实现农业与工业、服务业同步发展。如
以研制农业灾害预测与防治信息系统为例，农业灾害的种
类很多，预测与治理的难度都很大，依靠农民解决是绝对
不可能的，需要由国家、省（区、市）的职能部门资助、牵

头，组织相关灾害的预测与防治信息系统的研制及其应用。

第七，在保证完成计划任务的前提下，构建具有农业农村特色、"三产"融合的乡镇大农业发展模式（构建产业体系）。在绝对保证完成粮食和主要农产品的生产计划的前提下，通过相关专业应用信息系统以及专家、农民获取知识（最佳理论、最优技术和最好方式，以及高效益的经营管理），挖掘农业农村的人文社会、环境生态、地理区位等资源优势，并调动和凝聚人才资源优势，因地制宜地研制并确定具有本乡镇优势的、高效益的"三产"融合的大农业发展模式。

第八，乡（镇）是农业生产的基层组织，在确定并研制出（农产品）生产模型（构建生产体系）的基础上，组织涉农单位成立生产联盟，发挥专业分工协作的最大效能。例如，种子公司扩大技术功能，有助于快速全面良种化和培育壮秧，以及提供优良苗木等；农资公司庄稼医院扩大技术功能，可以做到因地制宜专业化地施肥，病虫害的精准管理与防治，提高病虫害的防治和精准施肥效果，并可防止农业的面源污染，还能起到农资的产销与需求连接；农机站扩大技术功能，可以加速农业机械化、电气化、自动化及农机具的更新，还能提高农事操作的速度和质量；土地管理所（站）扩大技术功能，负责土地利用总体规划与调整，土地利用现状调查和动态监测及变更调查，土壤质量调查及其污染监测、评价与改良，可以防止土资源退化，还能不断提高土壤、土地资源的利用效率等。还有乡（镇）畜牧兽医站与农技站一样，直接参加畜牧业的生产任务，承担发展规划等。每个乡（镇）的各种农产品都要研制出农产品生产技术流程模型，即构建（农产品）生产体系。

第九，发射专用农业卫星，发挥卫星在信息农业经营管理中的重要作用。研究、实施信息农业过程中，积累大量的科学数据，从中分析、研究农作物的生长发育与光谱（含大数据处理）之间的相关性，研获农作物长势等参数，不仅能为发射专用农业卫星创造技术条件，还能研制出农作物长势及环境变化等监测与估产的智能装置。例如，浙江省水稻卫星遥感估产运行系统既能利用卫星监测播种进度、长势等，提前 20 ~ 30 天估产，并且估测精度在 90% 以上，随着信息农业技术和农业卫星分辨精度的提升还可提高估产精度。估产结果可以用于农产品需求与滞销信息系统判别，在国内"四级"农产品调节和国家对外贸易方面都有很好效益，意义重大。

第十，为信息农业自然转型到"智慧农业"积累科学数据，提供技术条件，以及开发感知和传感性的仪器、仪表等硬件与软件，并形成新的产业链，这是信息农业的最大潜力优势。信息农业广泛研究和利用专业农业卫星，不但可以大幅度提高农业信息化程度与水平，而且通过应用研究不断发挥农业卫星的强大功能，以及开发信息农业的新产品，形成高新技术产业链。可以预测：如果可控核聚变技术达到商业化①，就有可能用"人造太阳"替代太阳，农业会有很大的、根本性的、飞跃式的转变。信息农业模式就有可能加速转型为工厂化的融合信息智慧农业模式（简称智慧农业），社会效益、经济效益之大是难以估量的。

最后，要强调：① 2021 年，我国脱贫攻坚战取得全面

---

① 据 2021 年 9 月 14 日，《人民日报》副刊发表中核集团核聚变堆技术首席专家段旭如的文章：我们将发扬协同创新精神，夯实自主自强根基，实现"人造太阳"在 21 世纪中叶闪耀世界的能源梦想（实现核聚能商品应用）。

胜利，全面建成了小康社会。实施乡村振兴战略时期，是我国发动新一次的农业技术革命和农业农村社会变革，推动我国现行农业模式有序、快速、稳健、跨越式转型为信息农业模式的最佳时期。②实施信息农业就是响应落实习近平总书记指出的"实施乡村振兴战略，必须把确保重要农产品特别是粮食供给作为首要任务，把提高农业综合生产能力放在更加突出的位置，把'藏粮于地、藏粮于技'真正落实到位"①的实际行动。

　　我国农业经营，将彻底告别"面朝黄土背朝天"的农业模式，从根本上实现农业机械化、信息化、智能化、科学化，真正实现社会主义农业现代化。

二、实施信息农业的问题及效益与发展趋势 分析

（一）实施信息农业存在的问题

1. 研发的专业信息系统还没有经过生产的实践检验

　　信息农业经营模式虽然已经初步完成了理论研究与设计，提出了以种植业为主的农业信息系统概念框图、农业信息系统总数据库概念框图，并已研发出数十个专业信息系统。但是，只有土地领域的 10 多个专业信息系统，在土地部门的支持和推动下，得到及时的全面推广应用，并在不断补充、完善功能，现已形成常规土地利用管理系统等，极大地提高了土地管理水平，取得了很大的经济效益和社

---

① http://www.gov.cn/xinwen/2022-03/07/content_5677596.htm.

会效益。但是，农业领域的几十个专业应用系统，除农业园区建设与管理信息系统，在"两园"建设中推广应用并取得好成绩，其他系统都因缺乏社会经济技术基础，没能及时推广应用也就没有得到农业生产的实践检验。特别是已经研发的农业专业信息系统，还因农作物栽培、农业资源等的变化，失去直接推广应用的价值，因此必须在农业信息化（工程）建设过程中，开展适应性研究。特别要通过加强与农业相关因素的专业信息系统研究，经过实践、改革、创新，打造出与信息农业推广应用相适应的社会经济技术基础。

2. 大部分农业专业信息系统还没有研发出来

农业生产牵涉到天、地、人、物的所有因素。例如，天是农业生产先天性的必需条件，它有多种气象灾害、地质灾害，是人们难以调控、防止的。地是农业生产的基础，它有多种生态环境和几百种不同的土壤和土地资源。还有水土流失、泥石流、滑坡等多种灾害，也是很难治理的。很多农作物及其种植栽培方式都不同，使用的农业器具也是不同的；适宜的农业环境也因农作物种类不同甚至品种不同而有差异，研究出每种农作物的最佳栽培方式是很难的。物是农业生产的目标和物质基础的保证。1000 多个品种，有几百种栽培方式，还有几十种肥料、农药等农业物质资料，它们的施用技术、方法和效果都不相同。总之，高水平的农业生产与发展是极其复杂的、技术难度和风险度都很大。只有促进现行的农业经营模式跨越式转型为信息农业模式，农业才有可能取得快速而持久的高质量可持续发展。因此，只有发挥社会主义新时代的制度优势，在党的统筹领导和政府的组织、推动下，在农业信息化建设过程中，不断研发完成一系列必需的农业专业信息系统，同时因地区差异研制出适合本地区的农业信息系统（总系统），以及数百种农产品的生产模式和数千种的农业乡镇发展模式，才能有效地全面组织推广应用。此外，还要通过改革，创建网络化的"四级五融"信息农业管理体系，以保证信息农业模式顺利推进并得到发展，形成更加先进的信息农业经营管理模式。

3. 网络化的"四级五融"信息农业管理体系的人才奇缺

人才是农业高质量发展的第一要素。可是我国现有的信息农业技术人才奇缺。如浙江大学 40 多年培养出农业领域的博士后、博士、硕士和本科毕业的学士一共也只有 300 多个，而且他们大部分都不在农业领域工作，即使留在农业领域也是在学校和科研部门从事农业科教工作，在农业生产第一线的几乎没有。因此，要培养出足够多的网络化的"四级五融"信息农业管理体系的各级人才，包括各级管理人才、各级研发农业信息化技术人才、各级信息农业研究成果应用推广人才等。特别是乡（镇）级的技术人才，承担着培训广大农民成为信息农业的专业技工，以及组织农业生产等任务。培养网络化的"四级五融"信息农业管理体系的各级人才，是研发、推广和实施信息农业的关键。

4. 推行信息农业的实际困难

第一，现行农业模式转型为信息农业的难度比较大。信息农业的核心技术是以卫星遥感和信息技术为主的高新技术。由于农业生产具有人们运用常规技术难以调控和克服的困难，因此运用高新技术促使现行农业模式跨越式转型为信息农业，确实有很大的难度。但是，在 40 多年研究取得的一系列研究成果的基础上，只要通过国家"试点"培养人才，摸索经验，也是有可能解决的。

第二，农业信息化技术的研发很难。研发信息农业的科技工作者，需要有深厚的数、理、化等学科基础，以及广泛的农业科学与农业生产知识。现在从事农业科技的工作者，数、理、化等学科基础比较弱，运用卫星遥感与信息技术研究农业信息化技术应用是比较困难的。而从事信息科学的科技工作者，又因缺乏农业科学和农业生产知识，开展农业信息化研究也有困难。实践已经证明，逐级成立农业信息化研究机构，通过多学科的技术人员的合作研究，以及培育跨学科的博士、硕士等，是有可能解决这一问题的。

第三，农业部门和广大农民的思想认识跟不上形势的发展。我国农民没有经过专门培训，普遍缺乏全面的农业科学知识。因此，农民吸收复杂的农业科技成果和技能有困难，接受高新技术就更难了。农业管理干部存在循规蹈矩、思想保守的情况，对农业技能习惯于修修补补，在农业技术上满足现状，对高新技术不清楚，应用不积极，大多数是等待上级布置，缺乏主动性。特别是脱贫攻坚战取得全面胜利，国家实施乡村振兴战略，以及国家最新发布的土地使用政策等，在认识上也可能会阻碍农业模式转型。但是，通过信息农业的大力宣传活动，此类问题也是有可能解决的。

第四，丘陵山区规模经营有困难。我国丘陵山区的比例大，地形复杂，田块小、坡度大，农田规模经营有困难，但也有可能克服。通过农业总体规划，因地制宜地发展丘陵山区的果树、竹笋、药材、菇菌等特产、畜牧宠物以及乡镇企业（适合农业农村的工业和各类服务业）等等。此外，可以组织农业合作社。加入"乡镇信息农业生产协作组织"，发挥党的坚强领导和各级政府的组织作用，打通科技、推广、培训和科技服务等与农业生产单位的通道。

（二）实施信息农业的效益分析

第一，实施信息农业能大幅度提高农作物的质量和产量。实施信息农业可以有效地利用现有科研成果和先进技能，因地制宜地研制农产品生产模型，并进行有序的推广应用，农产品的产量与质量都会有大幅度的提升。其中农作物的产量，据保守估计：低产区增产 1 ~ 2 倍，中产区增产 1 倍左右，高产区增产 50% 以上。全国平均可增产 1倍；关于农业增收的估测，粗略估计，可取得 2 倍以上的农业收入。这在我国脱贫攻坚战取得的成果中，已得到了充分证明。例如：根据水稻省肥高产栽培技术试验（水稻生产雏形）结果，水稻产量成倍增加，既取得省肥、节水和减药等良好效果，又能起到防止或减少农业面源污染的作用。

第二，信息农业拥有自上而下的完整的科研机构和科技推广、培训体系。实施信息农业后，人们通过卫星遥感技术监测发现农业生产问题时，就能立即根据问题的性质、大小和难易程度，安排有能力解决的研究机构。研究成果也能很快由科技推广和培训体系，推进到生产基层，以最快速度转化为生产力，做到科学技术、生产技能的进步与农业生产的发展同步推进，持续提高农作物的产量和质量。这也是为确保巩固和拓展脱贫攻坚成果，为实施乡村振兴战略提供一个具有内生动力的长效机制。

第三，信息农业是以农业农村为特色的"三产"融合发展的信息化大农业大产业。挖掘和研发出因地制宜的特色产业、高效产业和服务业都是信息化、大农业的重要组成部分。它能快速而持续地挖掘土地潜力，大幅度增加农民经济收入，提高农民生活水平。以最保守的估计，全面实施信息农业模式后，我国农业总产值可以提高 2 ~ 4 倍，而且还能维持农业稳健的高质量可持续发展。

第四，实施信息农业后，我国能在短期内发射专业性、功能性很强的农业卫星。在信息农业实施过程中，取得的大量卫星遥感数据可以与光谱数据库互补融合，研制出监测农作物的生长指标，从而获取农作物的管理信息，例如农作物的播种进度、面积及长势，营养丰缺、水分状况，以及各种灾害的监测与预报等等。将卫星获取的遥感信息转化为卫星遥感诊断、测报所需的指标性数据，为我国发射功能性、专业性和应用性很强的专用农业卫星提供技术数字条件。农业卫星的发射和全面应用，会产生极大的经济效益和社会效益，也会促进智慧农业的发展。

（三）信息农业的发展趋势分析

信息农业是现阶段最先进的农业经营模式，信息农业的经营水平会不断提升和发展。为了避免或最大限度地降低农业灾害，有效调整农业生产，以及提高土地产出率等，今后的信息农业有可能是中国特色社会主义独有的农业模式，特别是核聚变能的商业化后，就会向智能化工厂化发展，最终形成工厂化的融合信息智慧农业模式。农业靠天的局面会有很大的改变。

1. 信息农业工厂化发展的原因分析

科学技术和生产技能的不断进步，是人类研究自然、认识自然、利用自然，促进国民经济发展和创造美好生活的强大动力。信息农业也不例外，农业生产的靠天吃饭被动局面将有很大改变。因此，人们为了争取农业快速稳健的高质量可持续发展，很有可能向着农业智能化工厂化的方向发展。

2. 信息农业工厂化预测

（1）对农业工厂化的初步认识

1953 年，笔者首次看到"玻璃房温室"，这是人为控制自然条件以及防治减轻灾害等用于农作物试验。1965 年，以笔者为组长，在杭州市郊区创办浙江农业大学综合教学基地时，为了推行早、晚稻双熟制，提早培育出早稻秧苗，笔者第一次做了塑料棚培育秧苗试验，提早培养出优质秧苗的效果很好。1986 年，笔者赴日本考察了 20 多所大学和农业科研机构，参观了各有特色的设施农业。例如，东京农工大学是以蔬菜、草本果实为主，静冈大学是以茶叶为主，茨城大学是以蚕桑为主，北海道大学是以小麦等冬作物为主，岛根大学是以机械化为主的各种规模比较大的设施农业栽培，其中岛根大学的设施栽培面积最大，大约有 2 亩地，所有农事操作都在指挥室中，由农技员自动化操作完成。回校后，笔者资助校农场，以修整、改进、充实玻璃房温室，改进后的农业科学试验的效果很好。我国实行改革开放以来，随着工业的快速发展，塑料大棚和设施农业有了较快发展。到了 21 世纪初，蔬菜花果类的塑料大棚和设施栽培农业，有的已经用于大田农作物栽培，甚至用于果树栽培。笔者开始有了农业工厂化的初步认识。

（2）信息农业工厂化的萌发与预测

1979 年，笔者开始了以运用卫星遥感和信息技术为主的农业信息化研究。40 多年来，我们团队取得了农业信息化的系列研究成果，提出了信息农业的概念。但是，信息农业还不能从根本上调控和克服农业生产靠天的被动局面，于是笔者萌发出信息农业工厂化的思想。笔者预测：①信息农业的水平不断提高，以农业农村为特色的"三产"融合发展成效显著，将大大提高农村的技术经济实力；②我国工业高度发展，能保证基本农田标准化建设和设施农业建设所需的材料供给；③农作物栽培逐渐智能化，智能劳动逐步代替繁重的体力劳动，还能提供自动化、智能化的农事操作等；④完善基本农田和设施农业栽培的农田标准化建设，实现基本农田旱涝保收，培育出肥沃的高产土壤农田；⑤农业的全部或主要农事操作能够通过机械化、自动化、电气化、智能化等系列装置，由农技员（农民也能通过培养成为专业农技员）在"操作室"内完成；⑥随着生活水平的提高，主、副食的比例将会日趋平衡，例如多吃蔬菜和新鲜水果而减少主食，人们的食物结构发生改变等；⑦生物育种技术水平的提高，农作物向矮化发展，估计除乔木果树（在新疆已有乔木果树大棚），都有可能矮化而工厂化生产；⑧发电玻璃的普及应用，特别是可控核聚变能的应用达到商业化。这时的信息农业就有可能利用"人造小太阳"，升级为工厂化的智慧农业，即工厂化的融合信息智慧农业模式。农业就有可能成为可持续的高质量的高技术产业。农业也将成为具有农业农村特色的"三产"融合发展的现代化产业。农民也被培养成专业技工（技术员），其收入也会稳健持续增长，生活水平也会不断提高。

　　总之，网络化的融合性信息农业模式是对标我国农业在国民经济建设中是短板的"老大难"问题，运用以农业遥感与信息技术为主的高科技，在凝聚、整合、研究笔者60多年的高等农业科教和40多年的众多创新成果基础上，研制出的制度性的信息农业大科技创新成果。全面实施信息农业能巩固和拓展脱贫攻坚成果，防止脱贫后返贫、杜绝集体返贫；能与乡村振兴工程有效衔接，并为其提供一个内生动力的长效机制；还为信息农业提升到工厂化的融合信息智慧农业模式，创造社会经济技术等基础条件。

第六章
信息农业（工程）建设试点问题

现行农业模式快速跨越式转型为信息农业模式，需要发动一次新的农业技术革命和农业农村社会变革。要坚持试点先行，取得经验后再推广，本章提出试点的目标，及其8个特点和10个原则，以及乡镇试点的技术内容和国家、省（区、市）、县（市、区）在试点中的主要工作内容。

　　浙江大学农业遥感与信息技术应用研究所的农业遥感与信息技术应用（农业信息化）研究已经取得系列成果，初步完成信息农业的理论设计和 20 多个专业应用信息系统，并已研制出现代农业的发展模式雏形和（农产品）生产模型雏形的实践基础，有可能经过国家信息农业（工程）建设，跨越式、快速地转型到信息农业模式，并将其落实到以乡（镇）为单位的集体规模化、专业化的农业经营方式，以及落实到各个省（区、市）、县（市、区）的责任并健全其组织机构等。但是，加速现行农业模式转型牵涉到某些涉农单位和农业体制等的改革，不仅技术难度大，而且关联到某些政策问题。因此，信息农业建设必须经过省级试点，在此基础上因地制宜地创建一个全新的信息农业管理体系，也就是网络化的"四级五融"信息农业管理体系。这样才能全面推进信息农业（工程）建设，直至全面实施信息农业。

　　我国的信息农业建设是全新的内容，是一个农业大科技项目。本章笔者仅根据自己的认识，提出建设目标、建设特点和建设原则等。

一、信息农业（工程）建设试点的目标与原则

（一）信息农业建设试点的目标

信息农业建设试点的目标是：为了适应信息时代、中国特色社会主义新时代，遵循现代农业的产业特征，改变阻碍农业发展的现行农业经营模式，跨越式转型为最先进的、技术密集的农产品生产模式，以及挖掘土地的生产潜力，因地制宜地落实具有农业农村特色的"三产融合"发展的大农业大产业的农业发展模式。但它必须在农业信息化研究取得系列成果，初步完成信息农业的"理论"设计，结合农业现状，提出信息农业概念框架以后，才有可能进入信息农业（工程）建设试点阶段。笔者认为只有在信息农业（工程）建设国家试点过程中，经过实践、改革、创新，创建一个全新的网络化的"四级五融"信息农业管理体系以后，才有可能在全国推行信息农业。

（二）信息农业建设国家试点的特点和原则

1. 信息农业建设试点的 8 个特点

这次农业经营模式的转型升级，技术含量很高，必须制订一个科学的省级信息农业建设试点计划。根据我们的研究成果，以种植业为主，提出制订试点计划时必须考虑 8 个方面。

（1）农业经营模式。从分散的个体户种植养殖的农业经营模式，转变为以乡镇为农业生产的基本单元，集体规模化、专业化的农业经营，并与涉农机构联合成立"乡镇

农业生产合作组织"，分工协作、规模化、技术密集、专业化地完成农业生产全过程，以及因地制宜发挥农业农村优势和特色的"三产"融合发展的大农业大产业的农业经营模式，必须制定一个以挖掘和充分发挥农业农村土地产生财富的潜力为中心及其开发具有农业农村特色的二、三产业融合发展的农业农村总体发展规划，为实施信息农业模式打基础。

（2）农业经营管理形式。以乡镇为基本单元（基层），将国家、省（区、市）、县（市、区）、乡（镇）的农业生产做成"一盘大棋"，发挥各级政府和涉农机构的职能与技能优势，分专业、多部门合作，必须建立一个网络化的"四级五融"的信息农业管理体系，以及农产品营销的电商服务系统。

（3）农业经营操作手段。从农业的传统徒手劳动和简易的农机具的农业经营技术手段，转变为运用以卫星遥感与信息技术为主的高新技术，并执行"有规划、保计划、多自主"的用地布局，专业化地采用最新最佳的技术密集的农业经营技术手段。因此，必须从国家到县（市、区）、逐步研制出一套影响农业生产发展因素的专业应用信息系统，及以农产品为单元的生产技术流程规范的生产模型和以乡（镇）为单位的具有农业农村特色的"三产"融合发展的大农业大产业的发展模式。

（4）农业经营管理者。由缺乏系统的农业科学以及专业知识的个体农民统管的农业经营，转变为由具有农业科学知识、掌握农业信息技术的各级部门、科技专业人员，以及由农民培养成的农业技术工人（或农技员）共同协作管理农业经营。

（5）建立科技研发队伍。国家、省（区、市）、县（市、区）到乡（镇）都要组建职能不同的科研机构，并与所在地区的涉农单位组成科技联盟，形成强大的农业科技研究体系，及时发现、研究和解决农业生产与发展中的困难与问题，最大限度地发挥科技作为第一生产力的强大作用，促进农业高质量可持续发展。

（6）建立科技推广培训队伍。农业科技成果和创新技术的推广应用，都要经过推广研究，试验示范和培训等，做到科技成果快速落地，促进科技进步与农业生产发展同步推进。

（7）成倍地缩短农业模式的转型期。我国现行的农业经营模式转型，如顺其自然，估计需要几十年，甚至上百年。在完成农业信息化理论设计及其管理体系框架的基础上，经过一个信息农业（工程）建设的国家试点过程可缩短到大约10年。

（8）农业信息是变动的。农业信息系统和所有专业信息系统，以及（农产品）生产模型和以乡镇为单位的农业发展模式等，都要在农业生产发展过程中，因时、因地及时进行调整。所以，国家与省（区、市）都要成立科教机构，培养具有农业科学知识和农业信息技术研究能力的高水平的人才。

2. 信息农业建设试点的 10 个原则

探索信息农业建设试点必须考虑的 10 个问题。

（1）试点必须坚持党的统一领导，组建强有力的领导班子。国家、省（区、市）、县（市、区）和乡（镇）逐级成立农业信息化（工程）建设委员会，下设办公室，全面组织信息农业建设。建议分别由国务院副总理、副省（市）长、副县（市、区）长和乡（镇）长担任委员会主任；由农业农村部部长任委员会副主任兼办公室主任，省（区、市）和县（市、区）分别由省农业农村厅厅长和县农业农村局局长任委员会副主任兼办公室主任；乡（镇）由担任乡镇党委委员以上（最好兼农技站站长）的副乡（镇）长任委员会副主任兼办公室主任。

（2）试点必须全面落实农村土地集体所有制，在试点前必须收回土地使用权，把土地流转归乡（镇），农民的土地使用权，可以入股分红；农民的劳动报酬，可以按劳计分。这样既保障农民的利益，发挥农民的积极性，又能巩固社会主义农村土地集体所有制，确保走共同富裕的道路。

（3）试点必须制定一个绿色发展的具有农业农村特色的"三产"融合发展总体规划，确保国家粮食安全和主要农产品的有效供给。在乡村振兴和农业农村"三产"融合大发展中，必须制定一个以坚持绿色发展理念为原则的"三产"用地规划，必须选择最优的足够的耕地，以确保完成重要农产品特别是确保国家粮食安全和重要农产品有效供给。

（4）试点必须组建研发机构，负责农业信息技术研究成果、新技术的推广，而且还要促进形成农业高新技术产业链。农业信息化牵涉的范围很广、技术复杂难度大，必须组建不同层次、直接为农业生产发展服务的农业信息化研究机构，并联合涉农单位成立农业信息化研究联盟，提出农业信息化建设的研发规划。最后，国家、省（区、市）、县（市、区）的农业生产，都构建成一个网络化的研究联盟体系，分专业合作研制农业信息系统等，以及负责科技成果推广的技术指导，促进农业信息化建设有序推进。国家和省（区、市）研究机构，还要不断地研发信息农业所需的专业系统软件、仪器仪表和成套装备等，为开拓发展信息农业高新技术产业争取先机，并逐步形成信息农业高新技术产业链，发挥科技作为第一生产力的强大作用。

（5）试点必须组建技术培训与推广机构，负责培训和推广工作。各级都必须组建农业信息化专业技术培训和推广机构，形成国家、省（区、市）、县（市、区）和乡（镇）网络化的逐级培训与推广体系，全面打通科技、推广、培训和农业生产发展的通道，保证农业科技成果快速落地见效，并能做到科技进步与农业生产发展同步。

（6）试点必须坚持有领导、有组织，边研发、边推广，边改革、边建设，因地制宜地同步推进。农业信息化（工程）建设，促进农业经营模式转型升级，都是没有先例的新生事物。特别是大量的、几乎是所有的农业信息都是经常变化的，所有研发的农业信息系统、专业信息系统和生产模型及发展模式等科技成果，都会因需求的变化而失去实用性。所以，在实地应用时要做必要的调整，因地制宜地同步推进。

（7）试点必须设立农业信息化（工程）建设专项基金。国家到县（市、区）各级都要设立专项基金，分年度按需拨款，开展各种专业信息系统及其专用软件的研发和购买新设备，以及调整生产模型和发展模式等。尽可能做到将现行的政府各类财政补贴，用于对农业基础设施建设、农业科技及其装备等的支持，也就是把"输血"式改为"造血"式的支持，走出"授人以渔"的助农之道。

（8）试点必须制定各方支持农业信息化（工程）建设的政策。农业信息化（工程）建设，不仅牵涉的部门多，而且还要通过实践、改革、调整，创建适合信息农业模式的管理机构。因此，创新的信息农业管理机构，不仅在农业管理机构内部调整，而且牵涉到农业机构以外的涉农单位。这是农业农村的一次社会变革。

（9）试点必须选择适合农业信息化建设的省（区、市）作为国家试点。试点的科技成果要推广到全国各省（区、市）直至乡（镇），因此，必须选择具有农业信息化研究基础以及农业生产水平比较高的省（区、市）做国家试点。习近平同志在主政浙江省工作时确立的"八八战略"和农村"千万工程"已实施20多年，取得了丰硕成果，缩小了城乡差别，大大提高了乡村的经济实力。浙江省的信息化技术研究处于国内先进水平，其中地理信息技术和网络化技术都处于国际领先或先进行列。浙江大学是高水平科研型大学、国家"双一流"建设大学，学科齐全，有坚实的农科基础；建有卫星地面接收站及其成套的数据处理系统；建有航空航天学院，具有研制小卫星和无人机的能力等。浙江大学建有农业遥感与信息技术应用研究所、农业信息科学与技术中心以及浙江省农业遥感与信息技术重点研究实验室，是浙江省遥感中心和省高校遥感中心、中国土壤学会土壤遥感与信息专业委员会的挂靠单位。特别是浙江大学已有40多年农业信息化的研究历史，取得了信息农业模式及其管理体系等系列成果：获国家和省部级的科技成果奖励23项（含合作）；培养硕士、博士和博士后300多个；还有《水稻遥感估产》《农业信息科学与农业信息技术》《农业资源信息系统》等创新科技著作和高校新编通用教材10多部；等等。因此，浙江省具备农业信息化（工程）建设国家试点的最佳条件。

（10）试点必须发动群众，大力宣传农业经营模式转型升级，实施信息农业的相关政策。跨越式农业模式转型的难度很大，必须进行农业生产组织形式和制度的改革创新，特别是还牵涉所有农户的利益分配。因此，试点必须广泛发动群众，认真落实农业模式转型的相关政策，特别要大力宣传农业经营模式的有关政策，以及实施信息农业的好处，如能大幅度地提高生产技能，最大限度地挖掘农村环境资源和人才、人文资源等优势，开拓具有农业农村特色的"三产"融合发展的大农业大产业的农业经营模式，促进信息农业的发展等。

总之，推动我国现行农业模式快速转型为信息农业模式，将为我国巩固与拓展脱贫攻坚成果和实施乡村振兴战略提供一个内生动力的长效机制，也是乡村振兴、农业现代化的后续常态工作。

二、信息农业建设试点的技术内容提要

（一）乡镇"试点"的技术内容

首先，将分散给农民的土地使用权回归流转到乡（镇），实施土地使用权与土地所有权合一，由乡（镇）实施信息农业，为农业规模经营效益最大化创造基础条件。

其次，实施信息农业前的基础（前期）工作。一是土壤资源详查及其资源利用规划。乡（镇）要查清土壤类型（土种或变种），并绘制出 1∶1 万或 1∶5000 比例尺的土壤详图及土壤理化性质分幅图，查清影响农业利用的土壤障碍因素，并提出针对性的土壤改良的技术措施。最终达

到标准农田（地）水平，完成土壤适宜农作物利用规划图。这是落实"藏粮于地"的基础条件。二是土地利用现状详查和土地利用总体规划图。要求查清土地利用现状及分布，并绘出土地利用现状图（比例尺与土壤详图）；要求查出特色的、高效的植物；查清植物利用的障碍因素，并提出针对性的改进利用措施。最终与土壤利用规划图有机合一，融合成乡（镇）土地利用总体规划图，并划出土地利用的耕地、生态和城建用地的"三条红线"。三是做好乡（镇）信息农业用地布局。从国家到乡（镇）各级都要严格执行"有规划、保计划、多自主"的用地布局原则，乡（镇）根据县（市、区）的用地布局完成任务，确保粮食安全和重要农产品有效供给所承担的计划任务，剩余的土地要发挥乡（镇）的优势，自主种植特色高效的农作物，最终因地制宜地做好计划生产任务的用地布局。

再次，构建乡镇现代农业的产业、生产和经营三个体系（信息农业的核心内容）。一是研制出众多的专业应用系统。从理论上讲，影响农业生产发展的每个因素都要分别研制出专业应用系统，可在实施信息农业的整个过程中逐步完成。据笔者的实践经验，试点期间，只要研制出土壤资源信息系统和农作物施肥信息系统，就可以构建产业体系（农业发展模式）、生产体系（农产品生产模型）和经营体系（信息农业管理体系）。二是构建产业体系。可以理解为乡（镇）大农业大产业发展模式，就是因地制宜地研究确定农业、工业和服务业的具体产业，也就是构建乡镇的产业体系。三是构建生产体系。可以理解为确定各个产业的产品种类，研制出各个农产品的生产模型。这就是因地制宜地构建生产体系，即研制出各种农产品的生产技术规范流程的生产模型。四是研制出各种农作物长势卫星遥感监测及其估产系统。可考虑先研制主栽农作物，例如，在我国南方可以先研制水稻长势卫星遥感监测及其估产运行系统。五是组建信息农业生产协作组。建议以农技站为技术核心，由涉农单位参加的乡镇信息农业生产协作组织。先分为农业、工业和服务业三个生产组。往下再分，例如农业生产组又可分为种植业、畜牧业和水产业三个生产队。往下以农产品为单位分出生产小组，做到每个产品都有专人负责，但生产活动都以生产小组为单位。

最后，各种农业自然灾害监测与防治信息系统的应用。各乡（镇）做到与县（区、市）连接相通后，由专人负责农业灾害防治。

（二）国家、省（区、市）、县（市、区）在"试点"期间的主要工作内容

国家、省（区、市）、县（市、区）和乡（镇）都要因地制宜、严格地执行"有规划、保计划、多自主"的信息农业用地原则，要充分利用新中国成立 70 多年来积累的大量相关资料。例如，1959 年和 1979 年两次全国性的土壤普查，2006—2008 年的全国土壤质量调查研究等资料，以及《中国土壤质量》（2008）、《中国土壤肥力》（1998）和《中国土壤微量元素》（1996）等；1984—1998 年和 2007—2009 年两次全国土地利用现状调查等资料，以及《中国土地资源调查》（1999）、《中国土地资源》（2000）、《中国土地资源及其可持续利用》（2008）等；环境生态类资料，如《中国稻田生态系统》（1998）、《中国农业资源与区划要览》

（1997）、《中国自然资源与全面建设小康社会》（2003）等。

　　首先，国家、省（区、市）、县（市、区）（简称"三级"）都要在因地制宜地做好土地利用总体规划的基础上，做好信息农业的用地布局，继而科学地做好种植业用地规划。例如，"四级"都要做好粮食用地规划。一是划分粮食的主产区、副产区、产销区、副销区、主销区等，二是科学地、因地制宜地把生产粮食任务逐级落实到下属单位，以确保粮食用地，做到绝对保证粮食安全等。

　　其次，"四级"都要预测粮食和主要农产品的计划生产任务。"四级"都要在种植业规划的基础上，因地制宜、科学地预测出能确保国家的粮食安全和主要产品有效供给的计划生产任务。国家要把预测的计划生产任务科学、合理地分解给下属单位，即给省（区、市）下达计划生产任务。省（区、市）、县（市、区）要结合种植业规划，科学地把上级下达的计划生产任务分解后，下达给下属单位，并给各个下属单位提出"多自主"的种植内容指导性的建议。

　　再次，"三级"都要组建直接为农业生产发展服务的科研院（所）。建议国家组建南（浙江大学）与北（中国农业大学）两个研究院，或增加东南（华南农业大学）、东北（沈阳农业大学）、西南（西南大学）、西北（西北农林大学）四个研究院。各省（区、市）都成立省级研究院，县（市、区）可对现有农科所充实改进。"三级"都设立信息农业建设基金，保证每年都能开展研究。

　　最后，把农业自然灾害分解给相关的国家部（局）立项资助，组织相关院校主持展开研究。

主要参考文献

一、科技创新著作和国家新编通用教材（本所作者为主、正式出版）

黄敬峰、王福民、王秀珍：《水稻高光谱遥感实验研究》，杭州：浙江大学出版社，2010年。

黄敬峰、王秀珍、王福民：《水稻卫星遥感不确定性研究》，杭州：浙江大学出版社，2013年。

黄敬峰、谢国华：《冬小麦气象卫星综合遥感》，北京：气象出版社，1996年。

贾敬敦、孙晓明、陈昆松：《农业前沿技术与战略性新兴产业》，北京：中国农业出版社，2011年。

李建龙、黄敬峰、王秀珍：《草地遥感》，北京：气象出版社，1997年。

梁建设、许智钶、夏旻辰等：《地形地貌与卫星影像》，杭州：浙江科学技术出版社，2021年。

梁建设：《浙江大学农业遥感与信息技术研究进展（1979—2016）》，杭州：浙江大学出版社，2018年。

史舟、姜小三：《农业资源信息系统实验指导》，北京：中国农业出版社，2003年。

史舟、李艳：《地统计学在土壤学中的应用》，北京：中国农业出版社，2014年。

史舟等：《土壤地面高光谱遥感原理与方法》，北京：科学出版社，2014 年。

　　王珂、张晶：《"多规融合"探索：临安实践》，北京：科学出版社，2017 年。

　　王人潮、黄敬峰：《水稻遥感估产》，北京：中国农业出版社，2002 年。

　　王人潮、史舟、胡月明：《浙江红壤资源信息系统的研制与应用》，北京：中国农业出版社，1999 年。

　　王人潮、史舟、王珂等：《农业信息科学与农业信息技术》，北京：中国农业出版社，2003 年。

　　王人潮、王珂：《农业资源信息系统（第二版）》，北京：中国农业出版社，2009 年。

　　王人潮：《农业资源信息系统》，北京：中国农业出版社，2000 年。

　　张建华、黄敬峰、薛建钢：《农牧业生产模拟研究》，乌鲁木齐：新疆科技卫生出版社，1996 年。

　　周斌、丁丽霞、史舟等：《浙江海涂土壤资源利用动态监测系统的研制与应用》，北京：中国农业出版社，2008 年。

　　朱克贵、王人潮：《土壤调查与制图》，南京：江苏科学技术出版社，1981 年。

　　朱志泉、朱有为、史舟等：《农业土壤环境与农产品安全研究》，北京：中国农业出版社，2009 年。

二、内部印刷和参编的科技著作

　　全国土壤普查办公室：《土壤普查技术》，北京：中国农业出版社，1992 年。

　　王人潮：《论我国农业模式转型、解决国民经济建设中的"短板"问题》，2019 年。

　　王人潮：《网络化的融合信息农业模式》（第二稿），2020 年。

　　王人潮：《网络化的融合信息农业模式》（第三稿），2021 年。

　　王人潮：《网络化的融合信息农业模式》（第一稿），2018 年。

　　王人潮：《我国现行农业模式快速转型为信息农业的紧迫性及其"试点"可行性报告》，2018 年。

　　王人潮：《浙江省杭州市土壤鉴定报告》，杭州：浙江省杭州市土壤普查办公室，1963 年。

　　王人潮等：《全国第二次土壤普查暂行技术规程》，北京：中国农业出版社，1992 年。

　　徐盛荣：《卫星图像土地资源解译制图》，北京：中国农业出版社，1990 年。

　　浙江省科学技术志编纂委员会：《浙江省科学技术志》，北京：中华书局，1996 年。

　　朱祖祥：《中国农业百科全书：土壤卷》，北京：中国农业出版社，1996 年。

　　庄卫民：《土壤调查与制图技术：理论、方法、应用》，北京：中国农业科技出版社，1995 年。

三、补充教材和科技著作（不同生源研究生的选修或参考资料）

　　安德罗尼科夫：《土壤研究的遥感方法》，王深法译，成都：成都科技大学出版社，1998 年。

王人潮:《水稻营养综合诊断及其应用》,杭州:浙江科学技术出版社,1982 年。

王人潮:《土地管理学导论》,浙江农业大学土地与应用化学系,1989 年。

王人潮:《土壤调查与制图》,浙江大学农业遥感与信息技术应用研究所,2011 年。

王人潮:《土壤遥感技术应用》,浙江农业大学土壤教研组,1983 年。

王人潮:《浙江省土地资源》,杭州:浙江科学技术出版社,1999 年。

韦伯斯特等:《环境科学与管理采样方法》,李艳、史舟等译,北京:科学出版社,2017 年。

附 录

附录1 研制信息农业相关的科技创新成果（资源）目录及其简要说明

我国在 1978 年以前没有科技成果奖励制度，主要是领导对有贡献的科教工作者给予各种不同形式的荣誉奖励以及增加工资。1978 年全国科学大会和 1979 年省级科学大会以后，还是根据调研的结果宣布科技成果奖，有单位具名、没有完成人的名字、没有奖金。1982 年开始设立科技成果奖励制度，并设立专家评审委员会，据此，本附件分为：获省部级以上的创新科技成果奖和经专家评审、省级鉴定而未获奖的各类创新资源（简称未获奖的科技创新成果与资源）两类。

一、获省部级以上的创新科技成果奖（含合作）的目录及说明

获国家奖 3 项，国家优秀科技图书奖二等奖 1 项和国家奖二等奖（五级制）的二级证书 1 次，省部级奖一等奖 3 项、二等奖 11 项、三等奖 6 项。

（一）国家奖和省部级奖一等奖的目录及说明

（获国家奖 3 项，省部级奖一等奖 3 项、二等奖 2 项和三等奖 1 项）

（1）水稻遥感估产技术攻关及其运行系统研究（本项目的研究期为 1978—2002 年，持续 20 多年，故分两个时段研究介绍）。

第一时段，水稻遥感估产技术攻关研究（1978—1997 年），又分为"预试验""前期研究""技术攻关研究"等。1997 年获国家农业部和浙江省科技进步奖二等奖，1998 年获国家科技进步奖三等奖（五级制）。

第二时段，浙江省水稻卫星遥感估产运行系统及其应用基础研究（1997—2002 年）。本项研究在 2003 年被评为省级三等奖。

（2）农业旱涝灾害遥感监测技术（合作奖），1993 年获国家科技进步奖二等奖（黄敬峰为主参加协作研究）。

（3）植物环境信息快速感知与物联网实时监控技术及设备（合作奖），1991 年获国家科技进步奖二等奖（以史舟为主参加合作研究）。

（4）浙江省土地资源详查研究（合作奖），1999 年获浙江省科技进步奖一等奖（以王人潮为主的 7 人参加协作研究，并业务主编《浙江土地资源》）。

（5）设施栽培物联网智能监控与精确管理技术与装备（合作奖），2012 年获浙江省科技进步奖一等奖（以史舟为主参加协作研究）。

（二）省部级科技进步奖二等奖和三等奖的目录及说明

（二等奖 9 项、三等奖 5 项）

（1）土壤与作物营养诊断技术研究及其推广示范，根据内容分两次申报，其中第一次申报内容被分解为主、次两个项目申报。

主项目：土壤植株养分速测技术的改进和大田简易诊断设备的研制，是 1979 年浙江省科学大会公布的 12 项重大科技成果之一。1980 年获浙江省科技推广奖二等奖。

次项目：农作物营养与土壤诊断技术研究，1980 年获浙江省科技进步奖三等奖。

（2）早稻省肥高产栽培及其诊断技术研究。1981 年获浙江省科技进步奖三等奖。这是一项有多处高水平的重要综合创新成果，例如"水稻高产施肥新理论""农作物综合诊断新技术"等。

（3）MSS 卫片影像目视土壤解译与制图技术研究，1987 年获浙江省科技进步奖二等奖。

（4）浙江省红壤资源遥感调查及其信息系统研制与应用，2000 年获浙江省科技进步奖二等奖。

（5）水稻"以土定产、以产定氮"技术的基础研究（合作奖），1990 年获浙江省科技进步奖二等奖（以王人潮为主参加协作与指导）。

（6）浙江省实时水雨情 WebGIS 发布系统（合作研究），2006 年获浙江省科技进步奖二等奖（以史舟为主参加协作与指导）。

（7）农业高科技示范园区信息系统及其应用研究（合作研究），2004 年获浙江省科技进步奖二等奖（在王人潮的在职博士研究生学位论文基础上，组织合作研究，以章明奎为主参加协作研究）。

（8）富春江两岸多功能用材林效益一体化技术研究（以信息系统表达为主），2001 年获浙江省科技进步奖二等奖（以史舟为主参加协助并指导研究）。

（9）草地、小麦、土壤水分的卫星遥感监测与服务系统研究，1995 年获新疆维吾尔自治区科技进步奖二等奖（以黄敬峰为主参加协作研究）。

（10）新疆农牧业生产气象保障与服务系统研究，1995年获新疆维吾尔自治区科技进步奖二等奖（以黄敬峰为主合作研究）。

（11）土地利用总体规划的技术开发与应用，1998 年获浙江省科技进步奖三等奖。

（12）红壤利用改良研究，1981 年获浙江省科技进步奖三等奖。

二、未获奖的科技创新成果资源的目录及说明

（一）通过省级鉴定未获奖的创新成果和资源（6项）

（1）柑橘优化布局与生产管理决策咨询系统研制，2000 年通过省级鉴定验收（史舟等 5 人），是我国第一个管理信息系统。

（2）"98" 技术支持下的区域资源可持续利用模式研究，2004 年通过省级鉴定验收（黄敬峰等 10 人）。

（3）浙江省海涂土壤利用动态监测系统研制与应用，2004 年通过省级鉴定验收（周斌等 15 人）。

（4）浙江省农业地质环境与农产品安全研究，2005 年通过省级鉴定验收（史舟等 11 人）。

（5）浙江省低丘红壤资源调查与评价，2006 年通过省级鉴定验收（王珂等 12 人）。

（6）农业资源信息系统研究与应用，2008 年通过省级鉴定验收（黄敬峰等 15 人）。

（二）博士后的出站研究报告和在职教授的博士学位论文等创新资源中选录 4 篇

据 1978—2016 年数据，博士后出站研究报告 3 篇，博士学位论文 108 篇，硕士学位论文 115 篇，共 226 篇。这些都是创新性论文，一篇论文就是一个大小不同的研究课题，都是创新资源。现选用 3 篇出站研究报告和 1 篇博士学位论文。

周斌博士的博士后出站研究报告是《运用分类树进行土壤自动制图的研究》；O.A. 依思玛尔博士的博士后出站研究报告是 Updating Rice-SRS Model by Using MODIS Data for Rice Yield Estimation；张超博士的博士后出站研究报告是《遥感在北京生态监测中的应用研究》；吕军教授的博士学位论文是《低丘红壤地区农田水分平衡模拟和水资源的优化利用研究》。

（三）1978 年以前的科研创新成果及其简要说明

1956—1965 年，以土壤调查与规划和低产田（地）改良研究为主，包括 1956 年的安徽省怀宁县土壤调查，其目的是为灌区土壤的科学灌溉提供科学依据等。1957 年，苏北盐城土壤利用调查和抗盐效果研究，其目的是为抗盐提供有效的田间管理技术以及深入研究土壤排水（盐）沟的深度与田块宽度之间的关系，科学取得脱盐效果最佳，土地利用率最高的沟深与田宽的比值等。1958—1960 年，衢县低产田改良和低丘红壤改良研究，以及 1959 年的浙江省第一次土壤普查等。这些调查都取得很好效果，例如浙江省政府批准在红壤试验基地的基础上成立浙江省农科所红壤改良利用试验站，以及开发磷肥产业；推动了浙江省低产田（地）改良运动等，为浙江省在 1966 年获得国家第一个省粮食亩产超"纲要"起到重要作用。

1959 年，指导东北农业大学土地利用专业生产实习，富阳县及其所属公社都曾开展土地利用总体规划、农业生产发展总体规划。

1965—1978 年，是以农作物生理病害的调查研究与治理为主。这个时期碰到"文革"运动，只能做一些农村反映急需的、"革委会"批准的某些急需解决的生产问题。主要有：①湖田返酸死苗调查研究与治理，查明返酸原因，解决由农民掌握分田块治理的关键技术困难后，取得晚稻平均亩产 500 斤的良好效果。②丽水地区早稻苗期大面积成片发僵调查研究，查明发僵原因后，划分为三类，分别在现场指导治理，并都取得很好效果。③最重要的是应邀解决富阳县的农业生产的产量问题。虽然该县的农业生产条件好，劳动力、化肥、成本等的投入也不少，但就是产量上不去、良田低产，主要表现是 1970 年全县平均粮食亩产没有超"纲要"（800 斤），而浙江省在 1966 年粮食亩产已经达到 866 斤。这对富阳县领导和农技员造成很大的压力，1971 年我们应邀在富阳县蹲点近 10 年展开调查研究，查明富阳县各公社都建有用农作物秸秆为原料的造纸厂。长年来富阳县农田没有稻草还田，也不施或少施有机土杂肥等，而每年的化学氮肥用得很多，造成土壤缺乏多种营养元素。其中水稻缺磷缺钾严重，发生稻叶褐斑病。如果在糊田还受亚铁（Fe^{2+}）等的毒害，病情加重，取名为糊田稻叶褐斑病；油菜开花不结籽，查明因缺硼花而不实等。我们在典型土壤区做了 10 多个对比试验，以及各类低产田改良等试验，效果都很好，增产率在 10% ~ 30%，有的成倍增产，把多种技术因地制宜地推广到全县。经统计，1975年早稻平均亩产854斤（超"纲要"）。接着针对偏施、多施化学氨肥的危害，设计一个"早稻省肥高产栽培及其诊断施肥技术研究和示范推广"项目。选择在富阳县农科所和浙江省内有名的"塘子畈要高产，比牵牛上树还要难"的大源公社前进大队做试验，其结果是：县农科所因科技员认为减肥太多、稻苗发黄严重而施了化学氮肥，结果被破坏了。前进大队的大队长和大源区党委、公社党委的书记都坚持水稻严重发黄也不施用化学氮肥，从而取得成功，亩产从1975年的875斤提高到1860斤（超"双纲"），接近双千斤。研究结果推广到全县，全县粮食亩产从1970年的700多斤增加到1600多斤（超"双纲"）。国家农业部在富阳县召开了两次全国现场会，这是少见的。其中农业部农业局认为该技术太复杂，无法推广。土肥总站认为可以把综合技术简化为"测土配方施肥"在全国推广（至今还在推广），这项研究为"生产模型"提供了雏形（详见第二章生产模型实例）。这项研究是1979年浙江省科学大会上由浙江省政府公布的12项重大科技成果之一。

附录2

以下是构建《信息农业》与创建"农业遥感与信息技术"新学科的关键科教成果及其简要说明。

一、水稻遥感估产技术攻关及其运行系统研究

获奖科技成果：经过20多年的连续研究，获国家科技进步奖三等奖（五级制），农业部科技进步奖二等奖和浙江省科技进步奖二等奖2项、三等奖2项。

项目完成人：王人潮、黄敬峰、陈铭臻、林寿仁、朱德峰、杨忠恩、蒋亨显、许红卫、沈掌泉、王珂、施纪青、蔡体常、徐鹏炜、纪希平、吴红卫等40多人。

项目完成单位：浙江农业大学、国家海洋局第二海洋研究所、中国水稻研究所、浙江省气象局、浙江省统计局。

粮食作物产量是国家最重要的经济情报之一，建立粮食作物估产系统是国家安全体系的重要组成部分。卫星遥感估产技术是现代最先进的高新技术，由于水稻卫星遥感估产存在特殊困难，国内外都还没有建成水稻卫星遥感估产运行系统。这是国际大难题。

主要创新成果：①突破水稻遥感估产机理及其应用基础研究，揭示并证实多个遥感光谱信息参数与水稻长势、产量之间有着高度相关性。根据水稻生产特点结合多种传统

的水稻估产方法，研制出不同条件下的一系列用于水稻遥感估产的遥感信息参数和农学参数，以及其相关性；②研制出4种不同区域特征的、适合遥感信息提取的稻作区分类（层）技术；③研制出不同稻作区的4种遥感提取稻田信息技术及其面积测算方法，其中以水稻土分布图为工作底图的，效果最佳；④研制出4类7种遥感估测早、晚稻的单产模式，其中与传统的水稻估产技术相结合研制的 Rice-SRS 模型最佳，为建立省、市、县三级水稻遥感估产系统提供了技术条件；⑤研究建立了国内外第一个能实施运行的浙江省水稻卫星遥感估产运行系统和绍兴县水稻航空遥感估产系统。

　　浙江省水稻卫星遥感估产运行系统进行4年试验的早晚稻8次估测结果：面积精度是早稻 89.83% ～ 96.36%，晚稻 92.34% ～ 99.33%；总产精度是早稻 88.34% ～ 95.42%，晚稻 92.49% ～ 98.14%。虽然估产精度的稳定性还不够理想，但每次都大大超过国内外其他研究的最高精度。如果运用高分辨率卫星资料，估测精度还会有较大提高。本项成果获得中华农业科教基金资助，由王人潮、黄敬峰撰写，中国农业出版社出版的《水稻遥感估产》，是国内外首部该领域专著；由黄敬峰、王福民、王秀珍撰写，浙江大学出版社出版的《水稻高光谱遥感实验研究》和《水稻卫星遥感不确定性研究》，都是国际新科学前沿专著；发表 SCI/EI 和国家一级刊物论文 150 多篇；培养国内外硕、博研究生和博士后 30 多个，为创建新学科和信息农业模式提供科学依据；为农作物卫星遥感长势检测与估产提供高科技。该成果的"攻关技术"研究内容已编入 1993 年《中国科技成果大全》。

二、土壤和作物营养诊断技术研究及其应用推广示范

研究内容和获奖成果：研究内容包括农作物生理病害、低产田（地）改良、高产样板建设，以及早稻省肥高产栽培及其诊断技术等研究。经过 16 年的持续研究，笔者针对多施、偏施化学氮肥的危害，研究早稻省肥高产栽培及其诊断技术，并以其取得的创新成果为主编著《水稻营养综合诊断及其应用》，该著作获全国优秀科技图书奖二等奖，浙江省科技进步奖二等奖 2 项、三等奖 3 项，也是 1979 年浙江省科学大会公布的 12 个重大科技成果之一。

项目完成人：王人潮、朱祖祥、俞震豫、黄昌勇、马国瑞、王竺美、袁可能、蒋式洪、杨毓位、周鸣铮等 40 多人。

项目完成单位：浙江农业大学、浙江省农科院、杭州市农科院等。

主要创新成果：本项成果主要介绍早稻省肥高产栽培及其诊断技术研究[含低产田（地）改良]成果。①首次融合水稻营养理论、水稻土基本知识、水稻高产优质栽培技术、水稻产量形成机理应用，以及田间试验等进行研究，提出综合诊断新理论；②创造性地融合形态诊断、环境诊断、理化诊断和试验诊断等综合诊断生理病害的技术方法；③提出"以土定产、以产定肥、诊断施肥、高产栽培"的综合诊断施肥法，其中研制出的"以土定产、以产定氮"的简易方法，解决了种植前确定农作物的最高产量及其氮肥最佳施肥量的难题；④研制出早稻省肥、节水、减药的高产栽培及其诊断施肥技术（含低产田改良），为信息农业提供水稻生产模型的雏形；⑤研究提出水稻最高产量施肥量和最佳施肥

量的新理念；⑥首次研制成功并批量生产"75 型水稻营养诊断箱"，这个箱子能在大田速测水稻和土壤的氮、磷、钾的丰缺诊断，及其土壤理化性质引起障碍因素的诊断等。

研究试验结果：①基地粮食亩产从不到 700 斤（1970 年）提高到 1860 斤（1979 年），打破当地"塘子畈要高产，比牵牛上树还要难"的传言；②每斤硫铵增产稻谷从对照田的 2.36 斤提高到 5.22 斤，打破当时国内最高纪录 3.5 斤。低产田（地）改良、作物缺素诊断和高产样板建设等，其结果为信息农业的"生产模型"提供了雏形。

推广效果（举例）：浙江省简化技术为"测土配方施肥"并推广 4000 万亩，累计增产粮食 20 亿斤，节省标氮 3.6 亿斤；国家农业部土肥总站推广 4 亿亩，增幅在 10% ~ 15%，累计增产粮食 159.8 亿斤。

三、农业环境资源信息系统研究与应用

研究内容及其获奖成果：这项研究内容最多，获奖成果也最多。其内容包括土地、土壤、肥料、环境生态、气候气象、农业和园区管理等，获国家科技成果奖一等奖 2 项、二等奖 6 项、三等奖 3 项（含合作）。其中土地资源卫星遥感调查及其信息系统研究与应用，研究面最广，成果也多。在浙江省土地管理局的领导支持下，科技成果推广应用最佳。其中土地资源信息技术应用已全面普及，浙江省的土地管理基本实现信息化。土壤（资源）卫星遥感调查及其利用规划等信息化研究程度最深，研究成果在科教系统已普遍推广，效果也很好。1999 年，《浙江红壤资源信息系统的研制与应用》出版，这是我国农业信息系统领域第一部

专著，对形成农业信息科学与信息农业模式都有重要启发作用。

项目完成人：王人潮、史舟、胡月明、赵小敏、周斌、王深法、章明奎等 20 多人。

项目完成单位：浙江农业大学、华南农业大学、江西农业大学。

主要创新成果：《浙江红壤资源信息系统的研制与应用》，是土壤卫星遥感调查制图与农业区规划成果的汇集融合应用。主要成果：①在土壤地理分类的基础上，研究创建土壤资源分类系统，并逐级定名；②完成 1∶50 万比例尺的浙江省，1∶25 万比例尺的衢州市，1∶5 万比例尺的龙游县等三级的红壤资源类型图以及土地利用现状图、质量评价结果图、农业开发分区图等及其各种图件的应用，进而研究提出包括十大专业信息系统的农业信息系统概念框图（以种植业为主），及其对应的信息系统总数据库概念框图，但其作用还是为管理部门的农业规划、管理和决策提供咨询服务；③为生产单位（含农户合作社）的农业生产提供技术、咨询服务。主要问题是研究还不全面，很多专业信息系统没有也不可能做，更重要的是还没有形成分类体系。

1999 年 10 月，教育部召开涉农"高校农业高科技研讨会"。我们带去《浙江红壤资源信息系统的研制与应用》专著，在大会上作"论农业信息系统工程建设"专题报告，反响很大。2000 年，教育部指定浙江大学农业遥感与信息技术应用研究所派人参加"中国农业科技发展规划"，主持负责"农业信息技术及其产业化"专项起草；2005 年，笔者参加"'十一五'国家科技支撑计划"现代农村信息化关键技术研究与示范的立项讨论。浙江大学中标主持 13 个专题中的 2 个专项、参加 2 个专项。这些对构建信息农业模式和创建农业信息科学新学科都是很有帮助的。

四、学术报告、论文和专著促进形成并加快信息农业研究的进程

经过 30 多年（1979—2010 年）的农业遥感与信息技术应用研究过程，笔者参与或被邀撰写学术报告、论文等，其中可查的有：《加快发展中国农业遥感与信息技术》（1998 年）；《论中国农业遥感与信息技术发展战略》（1999 年）；《论农业信息系统工程建设》（1999 年）；《信息技术与现代化》（2000 年）；《信息技术在农业中的应用及其发展战略》（2001 年）；《论农业信息科学的形成与发展》（2003 年）；《中国农业信息技术的现状及其发展战略》（2003 年）；等等。出版了多本专著，例如：《浙江红壤资源信息系统的研制与应用》（1999 年）；《水稻遥感估产》（2002 年）；《农业信息科学与农业信息技术》（2003 年）；等等。

后 记

　　《网络化的融合信息农业模式》（简称《信息农业》），是我退休 9 年后，在 92 岁完成的最后一部著作。

　　我在写作过程中，特别是推广受阻时，也产生和遇到一些思想矛盾和实际问题。首先，有的同志和知心朋友，劝我专心养生保健，享受晚年的幸福生活，不要写有关国家大事的著作，以免不顺心而自找烦恼。其次，由于高龄从事农业科技研究、撰写创新著作，思维有点迟钝，特别是系统性思维不易完整表达。例如经常发生短暂失忆，常用的一些字、词、人、事都会一时想不起来，前面写的后面就忘记等。这样写作不仅速度慢，而且会发生前后矛盾、重复或差错等，影响书的质量和撰写的速度。但是，我回忆起：我从事农业劳动 13 年，其中专职务农 4 年；从事高等农业教育、科研及其农技推广普及和农业农村调查 60 多年，其中以农业信息化技术应用研究为主的就有 40 多年；除畜牧系的各专业，还主讲过浙江农业大学所有专业的相关课程及其相关的 20 多个农技培训班的讲课并编写讲义；主持、主讲过土化系土壤农化专业，以及由我牵头扩建的土地科学与应用化学系的土地管理专业、应用化学（农）专业等的专业技能课和以卫星遥感与信息技术的应用为主的专业技能课，并承担土壤农业化学专业的教学实习、教学生产实习、生产实习、综合教学基地建设等，以及下乡蹲点从事科学研究和农技推广、农村调查等工作。我还为创建的农业信息化的相关专业主编全新的国家统编通用教材《农业资源信息系统》教材（第一版和第二版）；培养硕士、博士和博士后 60 名等。因此，我对"三农"有深刻、全面的认识，具有深厚的情怀和强烈的责任心。特别是我曾担（兼）任：浙江省农科院土壤研究室主任、红壤改良利用试验站首任站长；浙江农业大学土壤教研室副主任，系主任，分管科学研究；创办农业遥感与信息技术应用研究所并担任首任所长及浙江省农业遥感与信息技术重点研究实验室首任主任；浙江省科协委员、常委兼科技兴农工委副主任；浙江省人大科工委委员，浙江省遥感中心副主任（由省科委主任兼主任）；国家自然科学基金项目和专项、国家科技的重点项目及重大专项，以及国家科技成果、国家重点实验室等的评审委员及其中期检查专家组成员；等等。

我的社会兼职很广、很多，有时同时兼职 20 多个。它们的主要任务都是提高科学技术水平，以及对学科发展、高等教材建设、科技普及宣传、科技推广和组织管理等的效果、效益的评审、评估工作。因此，我深感有责任也有可能研究解决农业发展缓慢的"老大难"问题。特别是经过党史的学习，联想到我是一个坚持 25 年争取入党的、有 40 年党龄的老党员，为了落实习近平总书记提出的"新型农业现代化道路"和"现代农业发展道路"，全面加速摆脱农业经营落后、农民低收益等困境。我有责任排除一切思想障碍、克服所有困难，在总结、分析、深化农业遥感与信息技术研究成果的基础上，研究、整合 60 多年的众多农业科技创新成果（资源），用了近 8 年时间，在 2018 年 8 月完成《网络化的融合信息农业模式》第一稿；2020 年 2 月完成修改后的第二稿；再经过近两年的推广、研究，在 2021 年 12

月完成修改后的第三稿。我希望这本书能更有效地推动我国新一次农业技术革命和农业农村社会变革及农业信息化（工程）建设，促进农业经营模式跨越式转型，实施信息农业，以求获取大幅度并能持续提高农业产值，增加农业收益、提升农民生活水平。我还认识到：实施信息农业，应该是我国脱贫攻坚战取得全面胜利，全面建成小康社会后，与乡村振兴战略有效衔接，持续发挥其作用。例如，防止扶贫后返贫、杜绝集体返贫，达到巩固和拓展脱贫攻坚的效果，为乡村振兴提供一个内生动力的长效机制等。

《网络化的融合信息农业模式》是在信息时代、中国特色社会主义新时代下从无到有的农业大科技创新成果（专著）。它是创新性、理论性、先进性、综合性、科学性、技术性、实用性都很强的农业大科技创新成果（著作），意义重大。它是浙江大学农业遥感与信息技术应用研究所、浙江省农业遥感与信息技术重点研究实验室、浙江大学农业信息科学与技术中心的全体同志，以及历届250多名硕、博研究生和博士后等共同协作、克难攻坚、坚持艰苦研究40多年，取得的具有划时代意义的农业大科技创新成果。我的研究生黄敬峰和史舟两位教授发挥了特别重要的作用。还有我的研究生丁菡，在我高龄、因病最困难时，坚持与我合作共同完成本书。但是，由于我们的遥感与信息技术的数理基础都不够坚实和我老年多病等原因，对一部完全是创新的大科技创新成果（著作），在撰写内容、文字表达、章节安排等，还是会有不妥，甚至有错误，敬请读者批评指正。

最后，我真诚感谢浙江大学航空航天学院流体力学副教授、年近85岁高龄的、我的夫人吴曼丽（吴军），在体力不济、视力不佳的情况下，全方位支持我写作，还承担校、审等工作。

　　至此，我将我的收官著作献给中国共产党建党 100 周年、中华人民共和国成立 72 周年，更希望此著作对乡村振兴、社会主义农业农村现代化、中华民族伟大复兴起到作用。

王人潮

2022 年 7 月 1 日于浙江大学